土石坝渗流控制基本原理与反滤层设计

刘杰　温彦锋　谢定松　蒋建伟　著

中国水利水电出版社
www.waterpub.com.cn
·北京·

内 容 提 要

渗流是土石坝工程的关键技术之一，本书主要阐述土石坝渗流控制基本原理与反滤层设计。首先以工程经验及室内模型试验资料为基础，论述了当今土石坝渗流控制基本理论应发展为防渗及反滤层滤土排水保护渗流出口，并以工程实例阐明了反滤层在水利工程中防止渗透破坏的作用及其重要性。其次阐述土的工程基本性质主要取决于土的颗粒组成，多级配无黏性土由粗粒和细粒两部分颗粒组成，其中细粒含量占 30% 的无黏性土为最优级配的土，30% 的占比值是决定无黏性土渗透及渗透稳定特性的主要指标。另外，本书还介绍了近几十年反滤层设计方法的发展状况及设计方法——保护细料法，以及反滤层设计方法在国内重大工程中的应用实例。

本书可供从事土石坝工程的技术人员及从事土的渗透稳定性渗流控制研究工作的科研人员参考。

图书在版编目（CIP）数据

土石坝渗流控制基本原理与反滤层设计 / 刘杰等著
. -- 北京：中国水利水电出版社，2022.12
ISBN 978-7-5226-1167-9

Ⅰ．①土… Ⅱ．①刘… Ⅲ．①土石坝－渗流控制－研究 Ⅳ．①TV641

中国版本图书馆CIP数据核字 (2022) 第242826号

书　　名	**土石坝渗流控制基本原理与反滤层设计** **TUSHIBA SHENLIU KONGZHI JIBEN YUANLI YU FANLÜCENG SHEJI**
作　　者	刘杰　温彦锋　谢定松　蒋建伟　著
出版发行	中国水利水电出版社 （北京市海淀区玉渊潭南路 1 号 D 座　100038） 网址：www.waterpub.com.cn E-mail：sales@mwr.gov.cn 电话：(010) 68545888（营销中心）
经　　售	北京科水图书销售有限公司 电话：(010) 68545874、63202643 全国各地新华书店和相关出版物销售网点
排　　版	中国水利水电出版社微机排版中心
印　　刷	天津嘉恒印务有限公司
规　　格	170mm×240mm　16 开本　6.75 印张　133 千字
版　　次	2022 年 12 月第 1 版　2022 年 12 月第 1 次印刷
定　　价	**38.00 元**

水在孔隙介质中的流动称为渗流，水工建筑物必然会面临渗流问题。随着水工建筑物不断增多，渗流问题逐渐突出，引起工程界普遍重视。对蓄水建筑物而言，渗流是有害的：一是渗漏可能会削弱水工建筑物的蓄水能力；二是可能造成建筑物的渗透破坏，因而必须进行渗流控制。据世界坝工资料统计结果显示，遭到破坏的水利工程中40%以上是由于渗流造成的。美国的提堂坝是由著名的美国垦务局设计的大型水库，坝高126m，大坝为厚心墙坝，却由于渗流破坏而溃决，损失惨重，震惊世界坝工界。我国青海省沟后面板坝、新疆八一水库均质土坝也都因渗流破坏而溃决。1987年，我国大型水利工程事故原因分析结果显示，渗流破坏占工程事故原因中的31.7%；全国病险水库病因分析结果显示50%以上的水库都存在渗透稳定问题。20世纪80年代，我国被列为病险水库的28座大型水库，其主要问题是坝体及坝基存在渗透稳定问题。因此，渗流和渗流控制问题是岩土工程研究中的三大主要课题之一。

渗流理论和渗流控制问题的研究相对起步较晚，早期以防止渗透为主要手段，1910年布莱提出了水闸闸基渗流控制的第一个法则，即爬行比理论。布莱的贡献，首次从控制渗流稳定的角度给出了水闸闸底板长度、闸上作用水头以及与地基土的渗流破坏特性三者之间的关系，后又被称为平均水力比降法，为探讨整个水工建筑物渗流控制原理迈出了第一步。法则中，布莱表达土的渗透破坏特性指标的破坏水力比降采用的是统计学的方法，其本质是对以防渗为主的渗流控制原理的理论总结。20世纪40年代末期，依斯托美娜开展了土的渗透稳定性的研究，进一步充实了这一原理，同时提出了确定土的这一特性指标破坏水力比降的室内试验方法，并取得了部分试验研究成果。

1922年巴甫洛夫斯基又提出了渗流场中以渗流出口的水力比降为最大这一概念，并首次提出为保证水工建筑物的安全，应控制渗流出口的水力比降。同年，太沙基提出用反滤层控制渗流出口的渗流，并提出了反滤层设计的基本准则，从此开辟了研究水工建筑物渗流控制原理的新途径。1940年，贝契母率先进行了反滤层的试验研究，试验结果首次论证了太沙基反滤层准则的适用性。此后，逐渐出现了一些新的试验研究成果，反滤层在渗流控制中的地位开始逐步显现。

水工建筑物及地基的渗流破坏，开始于渗流逸出口，继而向内部发展，20世纪50年代以后这一观点逐渐被水利工程界所认可，但如何防止渗流出口的破坏，曾出现两种观点，一种观点仍然是以防渗为主，工程措施以加大防渗体的体积，减小水工建筑物渗流出口的水力比降，并选用抗渗水力比降大的黏土作为防渗土料，以防止渗透破坏。另一种观点开始考虑反滤层保护渗流出口的问题，随着反滤层渗流控制能力研究的不断深化以及工程实践的不断考验，水利工程界逐渐认识到反滤层不仅是防止渗流出口颗粒流失的极好方法，也是控制渗流出口不会产生渗透破坏的关键措施，既能排渗，又能主动释放防渗体中的渗透水压力，同时可以防止土颗粒的流失，保证土工建筑物的整体渗透稳定性，防渗与排渗相结合的渗流控制概念也因此开始浮现。从此，水工建筑物以防止渗透为主的渗流控制概念逐渐被边缘化。

回顾土石坝的发展历程，土石坝筑坝技术的快速发展与渗流控制理论的发展是密不可分的。根据世界坝工专家库克的统计结果，土质心墙坝的兴建，开始于20世纪40年代，50年代以后才有所发展。从50年代中期开始，我国土石坝开始兴建，起初渗流控制原理是以防渗为主体，坝型主要是均质土坝，土料都是抗渗强度很高的黏土，高度大都在50m以下，发展速度缓慢。如1959年兴建的河北岳城水库，坝高仅51.5m，库容10.7亿m^3，其坝型就是均质土坝，坝虽不高，但工程量很大。60年代以后，薄心墙坝得到大力发展，原因主要是随着土的渗透稳定性质及土石坝渗流控制原理研究的不断深化，渗流控制问题不再是以防渗为主导，而是逐渐发展为防渗与排渗相结合。同时反滤层设计方法的不断完善并广泛应用，进一步深化了排水体的功能，使排水体可以滤土，同时可以防止渗透破坏。自此渗流控制理论又进一步深化为防渗与反滤层滤土排水保护渗流逸出口相结合。而在防渗心墙的设计中，考虑了排渗问题，反滤层又成为防坝体中排水体的主要组成部分，使排水体紧跟防渗体、防渗体、反滤层、排水体三位一体，简化了土石坝的结构型式，共同构成土石坝渗流控制的一道牢固防线，其中反滤层承担了排水滤土、防止渗透破坏的双重功能。从 20 世纪 60 年代开始，我国高土石坝也逐渐兴起，土坝的结构型式也同时有了很大的简化，坝型逐渐变为土石混合坝，大坝断面显著缩小，工程量大幅减少，而且静力稳定和渗透稳定性都有显著提高，高土石坝得到快速发展。

随着土石渗流控制原理的发展，对土石坝防渗土料的选择，也由既能防渗又有抗渗透破坏能力很强的黏土类土扩大到力学性能更好的半黏性多级配砾质细粒土，不仅放宽了对土体渗透系数的要求，同时放宽了防渗土料的用料范围，使寻找防渗土料难的问题得以缓解，当地材料坝的优势也得到体现。防渗心墙减薄，不仅减少了防渗土料的使用数量，减小了施工中质量控制的难度，更重要的是缓解了高土石坝的变形及大坝坝坡稳定等一系列关键问题，使土石坝的断面缩小工程量显著减少，安全度加大，有利于向更高的方向发展。

从 20 世纪 50 年代末期，中国水利水电科学研究院就开始创建了土的渗透稳定试验室，大力开展了土的渗透稳定性质、渗流控制原理及反滤层的试验研究。根据渗流理论的发展及多年的工程实践经验和室内各种土料的渗透及渗透稳定模型试验结果，从 20 世纪 80 年代开始，笔者就明确提出，水工建筑物的渗透破坏开始于渗流逸出口，然后向上游发展，渗流控制原理应深化为防渗与反滤层滤土排水保护渗流出口相结合。

土石坝的渗流控制原理由单一的防渗措施发展为防渗与反滤层滤土排水保护渗流出口相结合，是对土力学权威太沙基提出的土石坝渗流控制原理的发展与推广，应将其归于对土的渗透稳定性研究结果的应用和发展。不同的土体有不同的防渗性能，也有不同的抵抗渗透破坏的能力，如何用其所长，是水利科学研究者研究的主要内容之一，几十年来研究者为推广这一渗流控制原理进行了不断奋斗。总结我国近几十年来土石坝的迅速发展，与这一原理的推广和应用有重要关系。这一原理将土石坝的渗流控制内容明确地分为防渗和防止渗透破坏两个部分，其中渗透破坏主要内容由反滤层承担。其结果，一是扩大了防渗土料的使用范围，减小了防渗心墙的施工难度，而且提高了防渗心墙的力学性能。二是反滤层又提高了土石坝的防止渗透破坏的能力，有利于土石坝向高层次的方向发展，且在我国初见成效。其中，于20世纪80年代建成的高103.8m的鲁布革及瀑布沟高土石坝就是利用了笔者提出的渗流控制原理，也为这一原理的进一步推广树立了样板，其成果获国家科学技术进步奖三等奖。二是薄心墙坝渗流控制可靠度的提高，使薄心墙坝得到发展。柴河极薄心墙坝30多年来安全运行且效果良好，为薄心墙坝的发展树立了典范。这些工程样板提升了新型土石坝渗流控制原理的可信度，且做出了良好的工程范例。可以深信，这一原理将会不断被推广运用，并被工程界普遍接受。

但在当前，也存在一些主要问题，土石坝砂砾石地基的渗流控制方面还需要树立更多的样板，以利于进一步推广该原理。有些工程一度采用上游水平铺盖防渗、下游反滤层保护渗流出口的渗流控制措施，但在工程运行一段时间后仍改用混凝土防渗墙防渗的措施。如石家庄黄壁庄水库副坝坝基渗流控制，原采用上游防渗铺盖防渗、下游反滤层保护的工程措施，透水地基并不厚，只有20～30m厚，几年的运行效果表明，坝脚渗流出口并未出现渗透破坏问题。放空水库蓄水后，发现上游铺盖产生裂缝，经研究后得到结果：铺盖裂缝并不是由于渗透破坏造成的，而是因地基的不均匀沉降所导致，只需表面进行土体裂缝回填就可以解决。但水库管理方认为不可靠，要求改为混凝土防渗墙截断地基渗流。经组织专家讨论，为了绝对安全可靠，大部分专家同意了管理方的意见，改为采用混凝土防渗墙防渗的措施，并争取到了国家6亿～7亿元的资助。

本书中介绍的四川太平驿水电站，地基渗流控制采用了笔者提出的控制措施，运行效果良好。太平驿水电站是一座大型水电站，壅水水头不到30m，但却建在80多米深的砂砾石地基上。一开始决定采用混凝土防渗墙截断透水地基的方案，与施工方研究后发现，造墙工艺复杂，仅造墙工程试验就需一年的时间，这就会拖延水电站的投入运行时间。设计方向笔者咨询，希望能提出新的方案。笔者在工地工作一周，认为深层不需要采用渗流控制，提出上游水平铺盖防渗、下游采用反滤层保护渗流出口的方案。设计组研究后认为方案尚无工程先例，不可靠，予以否定。随后，笔者专门写了一份研究报告，送交设计院院长，院长认为论证有据，能解决难题，并亲自组织了专家论证会，请笔者主持会议，最后通过了设计方案。方案在会上得到投资方华能集团公司的认可，认为实施后可使工程至少提前一年发电，并节约部分资金。电站建成后得到国务院的高度评价，电力部还称其"创造了大中型电站建设速度的新纪录"。

上述事例表明，科研人员不仅要提出科研成果，还要亲自主动地推广科研成果，才能使成果变为生产力。

为了使反滤层能保证防渗体的渗透稳定性，作者结合工程实际问题专门研究了各种类型土的反滤层设计方法，扩大了反滤层设计方法可用土料的范围。根据各种类型土的渗透稳定特性，不均匀土选用了保护细颗粒不流失的原则，并给出了在反滤层的保护下，被保护土允许的破坏水力比降，提高了被保护土抵抗渗透破坏的能力。提出的反滤层设计方法的特点，被保护土的控制粒径不是固定值，可随土的渗透破坏特性变化，同时给出了在反滤层的保护下被保护土可提高的破坏水力比降，有利于防渗心墙的优化设计。

20世纪80年代，笔者分别考察了南美哥伦比亚的5座土石坝建设情况，这些在建和已建的土石坝在一定程度上代表国际坝工水平。经考察笔者认为我国在渗流控制研究方面有较高水平。如为防止防渗心墙蓄水初期的裂缝渗流破坏问题，国外并不是充分利用反滤层的保护作用，而是将防渗心墙设计成斜心墙，增加了施工难度，并使坝体排水系统的设计复杂化。我国则采用了以反滤层保护渗流出口的原理，且一直选用垂直心墙坝。多年的工程实践表明，土石坝渗流控制原理应深化为防渗与反滤层滤土排水相结合的原理，虽然已有工程实际样板，但要真正得到广泛普及、使土石坝的建设有进一步发展、渗透稳定性进一步提高，还需科研工作者及广大工程师的继续努力。

由于时间仓促加之笔者水平有限，书中难免有疏漏或错误之处，敬请广大读者批评指正！

刘杰

2022 年 10 月

目录

第1章 土石坝渗流控制原理的新发展与坝工设计水平现状

1.1 渗流控制最新原理的提出

渗流是土石坝中普遍存在的问题，与土石坝共生存，有土石坝必然有渗流，它直接关系到土石坝的结构型式、断面尺寸设计及安全。土石坝的事故多因渗流破坏而造成，如美国1976年溃决的126m高的堤堂坝。我国1993年溃决的沟后面板砂砾石坝，坝高71m，渗流由坝顶下游溢出而溃决。

土石坝早期的渗流控制原理是以防渗为主体，因而坝型为均质土坝，坝体断面肥大，渗透路径长，土料为相对不透水的黏土，抗渗透破坏能力强。随着渗流控制理论的深化，坝的结构型式不断在变化。早在20世纪20年代，太沙基就提出了用反滤层控制防渗体渗流的原理，直到六七十年代才开始有所重视，甚至到1976年，堤堂坝溃决调查结果只有谢拉德认为，溃坝的主要原因不单纯是施工质量问题，而是未做好反滤层。沟后面板坝溃决后，调查分析及室内模型试验的结果显示，关键问题是坝体渗流控制不当，导致混凝土面板坝溃决。混凝土面板坝的渗流控制原理是土石坝以防渗为主体的代表作，是对传统土石坝的发展，可以认为是以不透水的混凝土面板为防渗体的斜墙堆石坝。在实践中，出现的面板接缝漏水依然是大坝的主要问题。谢拉德的功劳，不是如何加强面板接缝的止水设计，而是首先着眼于渗流控制结构的完善，他建议面板下游面设置一层渗透系数在 $10^{-3} \sim 10^{-4}$ cm/s 之间的垫层料，以解决面板接缝漏水带来的一系列问题。多年的研究结果表明，这种土料须是优质土料，渗透破坏型式为流土型，防渗和排水性能适中，并具有很好的渗透稳定性。垫层料对面板接缝漏水的作用是防渗，减小接缝渗漏量，但对整个防渗体系而言，它又是排水体，将接缝漏水通过垫层料有规律地以无压状态排向大坝主体下游，防止在坝坡渗流出逸，造成坝体的渗流破坏。谢拉德的建议使混凝土面板坝的渗流控制变为防渗和排水相结合，完善了坝体防渗结构，加强了坝体渗透稳定性，得到坝工界的赞誉。对于沟后面板坝，如果在坝顶设置好垫层，即使砂砾石坝体施工时因砂砾石料铺土过厚，颗粒分离严重造成坝体分离层上下游相连通，面板止水结构设计施工中存在缺陷，坝体砂砾石层中产生的渗流也会自由地垂

1

直而下，不会直接由坝顶下游坝坡溢出，造成坝顶管涌破坏，而导致高防渗墙倒塌，库水直接由坝顶溢流而溃决。由此可见，渗流控制对土石坝的安全至关重要。

20 世纪 80 年代，通过河北省龙门水库运行多年的土坝心墙穿孔管涌渗透破坏实例现场调查，并结合室内土的渗透稳定性及反滤层的试验研究，刘杰撰文明确指出，土石坝的渗透破坏开始于渗流逸出口，逐步向深部发展，形成上下游连通的渗流通道，最后提出土石坝的渗流控制原理应是防渗、反滤层滤土排水保护渗流出口。1984 年国际大坝委员会在丹麦召开"关于分析评价大坝安全问题的研讨座谈会"，刘杰撰写的"土石坝管涌破坏问题分析"一文，阐明了上述土石坝渗流控制原则，得到国际认可。芬兰水环境局与中国有关方面联系，希望两国能合作共同开展有关溃坝问题的研究工作。为此，刘杰受邀去芬兰短期工作，并进行了学术讲座。上述渗流控制原则的提出，为解决多座病险水库大坝的难题提供了直接技术支撑，对心墙堆石坝的设计、深覆盖层地基渗流控制等技术的进步也产生了重大影响。

1.2　典型工程应用案例

按照新的渗流控制原理，解决了困扰多年的陆浑水库及柴河水库两座大坝的安全问题。位于黄河支流伊河上的陆浑水库，是一座大（1）型水库，库容 11.8 亿 m^3，大坝为黏土斜墙砂壳坝，坝高 55m，1965 年建成。由于坝基截水槽底宽偏窄，渗径长度不满足当时防渗的渗流控制标准，坝体填筑密度偏低，被定为病险水库。建成 20 多年，水库长期在低水位运行，不能发挥效益。经渗流安全论证，薄截水槽在反滤层的保护下，仍然可以保证在高水位下安全运行。为了安全可靠，建议分三级提高库水位，逐级达到设计最高水位，使坝体软弱土层在运行过程中能够进一步渗透压密，抗渗透破坏的能力得到提高，三年后水库投入正常运行。辽宁柴河水库，大坝为黏土薄心墙砂壳坝，坝高 42.3m，心墙边坡为 1∶0.0642，在高水位运行时，心墙承受的平均水力比降可达 8.2，为世界土石坝之最。心墙坝体填筑密度偏低，反滤层不均匀系数高达 40，不符合当时的设计要求，担心高水位运行时心墙产生水力劈裂造成渗透破坏。1974 年，大坝已建成，但直到 1985 年仍未能投入正常运行。经室内试验研究，在反滤层的保护下，高水位运行时如果薄心墙产生水力劈裂，也能承受 50 以上的水力比降，后经专家论证，摘去了病险水库的帽子，很快投入了正常运行。

改变以防渗为主的观念，充分发挥反滤层的作用，使过去被划为劣质土的砾质土也可以作为高土石坝的防渗土料，这不仅扩大了土石坝防渗体的用料范围，而且提高了高土石坝心墙适应变形的能力，并认识到在反滤层的保护下防渗心墙裂缝可以自愈，为云南鲁布革、四川瀑布沟等高心墙堆石坝的建设提供了技术支撑。1991 年建成的云南鲁布革土石坝，坝高 103.8m，初设阶段，心墙的设计成为大坝设计的关键。在此以前，我国 100m 以下的土石坝，心墙土料都是采用黏性土，因此鲁布革大坝初期选用距坝址 10km 以外的红黏土料作心墙土料。坝址附近虽然有丰富的砂页岩全风化料，但能否作高土石坝的心墙材料，国内并无经验。为了开辟新的料源，作者对砂页岩全风化料进行了渗透性、渗透稳定性、反滤层等一系列试验研究，结果表明，原位的砂页岩全风化料经过开采混合后在反滤层的保护下，是一种很好的防渗材料，而且具有良好的裂缝自愈能力。经过专家的最后论证，被工程采用，而且反滤层直接采用了天然级配的砂砾石，心墙坡比为 1：0.175，为国内当时最薄的心墙堆石坝。大坝建成后，软岩风化料作为高土石坝防渗材料工程特性的研究及应用，荣获国家科技进步三等奖。2009 年建成的瀑布沟土石坝，坝高 186m，是当时国内最高的土石坝，心墙土料的设计同样成为当时的关键技术问题。距坝址较近的黑马土料场料源丰富，但这种残坡积砾质土，黏粒含量只有 5%，为无黏性土，渗透系数大于 1×10^{-6} cm/s，不符合当时的防渗标准，国内外也无工程先例，能否用作心墙防渗土料争议很大，有的专家甚至建议一定要掺入黏土料，使黏粒含量大于 10%，这无疑加大了施工难度。为了探讨这种土料的可用性，作者进行了大量的试验研究，试验结果表明，大部分土样的渗透系数高达 10^{-5} cm/s 量级，而且一部分土料渗透破坏型式为管涌型，破坏水力比降只有 2 左右，低于世界已建高土石坝土料的允许值。按照过去以防渗为主的渗流控制原理，以土的性能来看，其根本不可能作为心墙防渗土料。反滤试验结果，在合格的反滤层保护下，管涌型土的抗渗水力比降可以提高，能够达到 50 以上。蓄水初期，如果心墙产生水力劈裂，在反滤层的保护下裂缝可以自愈，自愈部分还可以渗透压密。因而，作者认为黑马土料用作心墙土料是可行的，同时提出了这类土的反滤层设计方法，最终解决了防渗土料设计难题。瀑布沟心墙堆石坝的建成，开创了无黏性的细粒管涌土作为高土石坝防渗土料的先河，进一步提高了土石坝的设计水平，并为高土石坝的设计树立了世界级样板。这一成就应归功于反滤层的作用。

　　同样，采用防渗与反滤层相结合滤土排水保护渗流逸出口的原理，解决了深厚砂砾石地基的渗流控制难题。四川岷江太平驿水电站，最大坝高 29.1m，装机容量 26kW，建于超过 80m 深的砂砾石覆盖层上。地基共分三层，最下层为强透水的砂砾石层，渗透系数高达 2.3×10^{-1} cm/s，为管涌型土。按照以防渗为主的工程经验，地基渗流控制需采用全封闭混凝土防渗墙，截断闸基渗流，确保坝基稳定性，但当时兴建超过 80m 深的混凝土防渗墙，在技术上难度较大，且施工工期长。设计方面请刘杰研究能否提出新的渗流控制方案，经过对坝基地质情况进行分析后认为，闸基下部深层砂砾石层并无与上部地基连通的渗流出口，本身不会产生渗透破坏，建闸后深层地基中产生的渗流导致上部砂砾石层渗透破坏的可能性也较小，只要保证上部闸基砂砾石层的渗透稳定，就可确保整个闸基的渗透稳定，因此不需要全封闭深层砂砾石地基中的渗流。经研究，提出了深厚砂砾石地基的渗流控制可采用闸上游水平铺盖防渗，下游设置排水反滤层的方案，确保上层不渗透破坏并提出了设计方案报告。经专家会议论证结果建议的方案采纳实施后，工程提前一年发电，并节省投资 1 亿多元。水电站建成投入并网发电，时任副总理贺电对水电站建设速度给予了高度评价，电力部也发来贺电，在贺电中称"创造了大中型水电站建设速度的新纪录"。水电站建成近 30 多年来运行正常，是运用防渗与反滤层滤土排水保护渗流逸出口原理进行深厚砂砾石地基渗流控制的优秀范例。

上述工程多年安全运行的事实说明，采用反滤层控制渗流逸出口可有效防止防渗体的渗透破坏，在反滤层的保护下，被保护土的破坏（允许）水力比降可以显著提高，防渗体裂缝可在出口反滤层的保护下自愈，防渗体在运行过程中薄弱部分也可以通过渗透压密加强其渗流控制能力。上述工程问题的成功处理，进一步加深了对防渗与反滤层滤土排水保护渗流逸出口的渗流控制理念科学性的认识。

1.3　反滤在渗流控制中的关键作用

随着土石坝的渗流控制原理的深化，以防渗与反滤层滤土排水保护渗流逸出口相结合的渗流控制原则的提出，40 年来逐步被工程界认可，使土石坝设计水平有很大的提高：

（1）对于土石坝而言，土质防渗体（心墙）的任务单一化，主要起防渗作用，而渗透稳定的保障任务主要由反滤层来承担。换言之，可认为坝体防渗结构由防渗体和反滤层两部分组成，两者共同构成大坝防渗结构。反滤层的任务首先是滤土，同时兼顾防渗体中渗透水流的排出和减压。完善了 20 世纪 50 年代提出的渗流控制防渗和排渗相结合的原理。

（2）防渗土料的选择多种化，过去选择的土料以防渗能力为主要考虑因素，土料最好不渗透，以防止渗透破坏。现在防渗土料的选择范围显著拓宽，砂页岩风化料、含砾石土等多级配土料都可作为防渗土料。若从单独控制渗漏量的角度，控制渗透系数小于 1×10^{-4} cm/s 的土料已能满足要求，而不必要求土料的渗透系数必须小于 1×10^{-6} cm/s；黏粒含量也不必高于 8%～10%，含量在 5% 左右的砾质土同样有成功的应用实例。

（3）过去以加大防渗体的断面，延长渗透路径减小水力比降以控制坝体渗透稳定的概念被淡化，在反滤层的保护下，大坝的心墙边坡显著变陡，并由常规的 1∶0.25 进一步减小，薄心墙得到普遍应用，如柴河大坝心墙边坡仅为 1∶0.0642，鲁布革心墙边坡 1∶0.175，糯扎渡心墙边坡为 1∶0.2。心墙边坡变陡，大坝防渗土料用量大幅减少，降低了大坝建设难度，心墙的变形及稳定问题变为次要问题，大坝体积减小高土石坝得到大力发展。

（4）不再担心心墙的裂缝问题。薄心墙即使产生裂缝，在合适的反滤层保护下，渗流的作用也可使裂缝自愈，而且自愈部分还能得到渗透压密，薄心墙的防渗安全性有了保障，心墙不需采用斜心墙，以垂直心墙为主体，改变了施工难度。

（5）深厚覆盖层地基渗流控制不一定要采用混凝土防渗漏的方式。以往深厚砂砾石地基的渗流控制多采用混凝土防渗墙全封闭的方式，有些工程甚至采用两道混凝土防渗墙的方案，地基处理的造价昂贵，工期较长。采用上游防渗铺盖，下游采用反滤层保护的方式，对一些工程也是可行的方案。太平驿水电站已安全运行 20 余年，就是一个很好的例证。

综上所述，可以看出，防渗与反滤层滤土排水保护渗流逸出口的渗流控制原理，深化和完善了早期提出的防渗和排渗相结合的原理，保证了排渗功能安全可靠的作用。为保证这一原理安全可靠的运用及推广，多年来，在反滤层的设计方面，中国水利水电科学研究院结合具体工程进行了系统研究工作，扩大了土料的研究范围，并深入进行了土的渗透稳定性的实验研究。针对无黏性不均匀土，考虑土的渗透稳定性，提出了保护细料的反滤层设计原则，开始先建立了包括连续级配的不均匀无黏性土、缺乏中间粒径的砂砾石的反滤层设计方法，后又扩大到多级配的砾石细粒土、一般黏性土、有裂缝的黏性土、分散性黏土等在内的各种土类的反滤层设计原则和方法，在反滤层的选料方面还积极推广运用天然不均匀无黏性土作反滤层，放宽了对反滤层不均匀系数的要求，扩大了反滤料可以使用的料源，减少了不必要的加工工序，有利于反滤层的广泛使用。

第2章 土的颗粒组成特性及渗透和渗透稳定性

土的颗粒组成、渗透特性及渗透稳定性是反滤层设计的基础。谢拉德在研究反滤层的设计准则之前，首先研究了砂土和砾石的基本性质，同样依斯托美娜也是首先研究了无黏性土的渗透及渗透稳定性质。土体颗粒组成特性是直接决定土体的密度、渗透系数及渗透稳定性等性质的主要依据。土的渗透性通常以渗透系数来表示，土的渗透系数大小的本性，首先反映的是土的孔隙直径的大小。在反滤层设计时，必须首先认清被保护土的颗粒组成特性和特征粒径及其渗透和渗透稳定性质，对选择被保护土的控制粒径有决定作用。本章主要阐述与反滤层研究有关的土的基本性质。

2.1 自然界中土的种类

自然界中土的种类繁多，一般大都按照颗粒组成分类，以颗粒中粒径的大小及变化范围归纳为三大类：第一类是小于 0.1mm 的颗粒含量大于 50% 的土，称为黏性土，小于 0.005mm 颗粒含量大于 10% 的土为黏土；第二类是小于 0.1mm 颗粒含量为 15%～49% 的土，称为多级配砾质细粒土；第三类是小于 0.1mm 的颗粒含量小于 15% 的土，称为无黏性土。第一类土的物理力学性质主要取决于细粒部分的水理性，即稠度，表现为液限和塑限含水量的大小。第二和第三类土的物理力学性质，主要决定于土的颗粒级配组成。

三类土的典型颗粒组成曲线绘成图 2.1。图 2.1 中曲线 1 和曲线 2 为无黏性土，曲线 3 为多级配砾质细粒土，曲线 4 为黏性土。无黏性土又细分为均匀土和不均匀土两小类，不均匀土如图 2.1 中 1-① 和 1-② 所示。图 2.1 中曲线 1-① 为级配连续型，曲线 1-② 为级配不连续型。曲线 2 为均匀土。将颗粒级配繁杂的各种类型的土，分为三大类型，在研究土的反滤层设计准则时，可以使确定的土的关键性粒径控制粒径准确可靠。

不均匀无黏性土的特点：不均匀无黏性土又可根据渗透破坏特性细分为颗粒级配连续和不连续两种类型。根据作者多年的工程实践经验，不均匀无黏性土中颗粒组成呈不连续级配的土在工程中出现的概率是较多的，图 2.2 另绘有与图 2.1 中不均匀无黏性土颗粒组成曲线中不连续级配的曲线 1 -②同类型的几条典型的颗粒组成曲线,有我国东北辽河、华北海河及黄河中下游的小浪底工程,还有巴基斯坦印度河上的太伯拉高土石坝坝基砂砾石的颗粒组成曲线。由上述几条江河河床中不均匀无黏性土的颗粒组成曲线表明:几条河中不均匀无黏性土的颗粒组成曲线的共同特点,都缺乏 1～5mm 的中间粒径,两个粒径级之间的颗粒含量总共不到 6%,致使颗粒组成曲线中段出现一平台段,作者称为缺乏中间粒径的砂砾卵石土。实践表明,这类土普遍存在于江河中上游。分析颗粒组成曲线的特点,可以得知这类土是由两次水流搬运而形成,一次是洪水状态搬运的土体,粒径大于 5mm,另一次是洪水过后中细砂颗粒的沉积物,粒径小于 5mm。初步判断,位于江河河床中上游的不均匀无黏性土,绝大多数都是类型为土 1 -②的土。共同的特点,都是由粗粒和细粒两种粒径两次沉积而成。作者认为,研究图 2.2 类型土即将不均匀土视为由粗粒和细粒两部分混合而成,这种混合土的渗透稳定性决定细粒的含量,因此研究这类土的渗透稳定性及反滤层设计方法对研究水利工程的渗流控制更有指导意义。

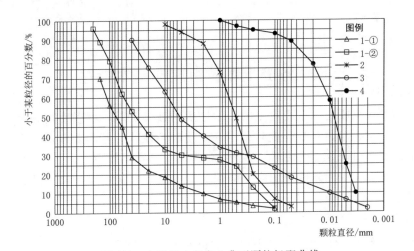

图 2.1　自然界中各类土典型颗粒级配曲线

1—不均匀无黏性土(1 -①青海黑泉水库坝料,1 -②河北岳城水库坝基土料——缺乏中间粒径);

2—均匀无黏性土;3—多级配砾质细粒土(瀑布沟大坝心墙土料);

4—黏性土(河南玉马水库心墙土料)

总结工程界过去研究土的工程性质的现实情况,在研究不均匀砂砾石的工程特性时,一般将其由 2mm 或 5mm 的粒径分为两个部分,再按各种比例混合而成新的土料,进一步研究工程基础特性,这一思维方法具有一定的现实意义。

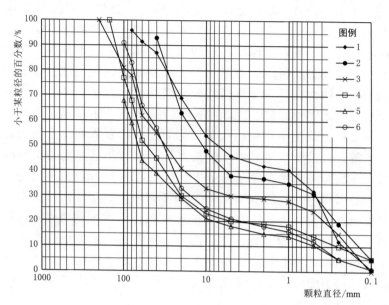

图 2.2　国内外各地区不均匀的砂砾石土的颗粒组成特性

1—密云白河；2—大伙房；3—岳城；4—黄壁庄；5—小浪底；6—巴基斯坦太伯拉

2.2　各类土颗粒组成的基本特性

　　土的颗粒组成曲线是表达土的基本性质的基础资料，可以直接确定土体可能达到的密度、渗透系数的变化范围、渗透破坏性状等基本要素。研究土的颗粒组成曲线，对研究土的渗透及渗透稳定性有指导意义。

　　根据图 2.1 中无黏性土的颗粒级配曲线的特点，常用以下代表性粒径表示土的特性。

　　1. 代表性粒径

　　d_{10}——小于该粒径土颗粒的质量占总土质量的 10%。

　　d_{20}——小于该粒径土颗粒的质量占总土质量的 20%。

　　d_{30}——小于该粒径土颗粒的质量占总土质量的 30%。

　　d_{60}——小于该粒径土颗粒的质量占总土质量的 60%。

　　d_{70}——小于该粒径土颗粒的质量占总土质量的 70%。

　　有些文献中 d_{10} 称为有效粒径，是土体中 30% 细粒粒径中只占 30% 的细粒粒径；d_{20} 称为等效粒径，是土体中 30% 细粒土中占 70% 的代表性粒径。以粒径大小 d_{20} 模拟的均匀土体，试验求得的渗透系数与原状土具有等同的数值，两者是等效的，故称为等效粒径。d_{30} 称为中介粒径，是将理想级配土分为粗细两个部分的区分粒径；d_{70} 为土体骨架的代表性粒径，对土的力学性质有一定的控制作用，故称为控制粒径。

2. 代表土的工程性质的基本参数及其意义

不均匀系数：$C_u = \dfrac{d_{60}}{d_{10}}$

曲率系数：$C_c = \dfrac{d_{30}^2}{d_{60} \cdot d_{10}}$

区分粒径：$d_q = \sqrt{d_{70} \cdot d_{10}}$

填充系数：$C_T = \dfrac{d_{30}}{\sqrt{d_{70} \cdot d_{10}}} = 0.9 \sim 1.1$

3. 一些参数的物理意义

(1) 区分粒径 d_q。区分粒径 d_q 将天然不均匀无黏性土区分为细粒和粗料两大部分，并从细粒含量可以区别土的渗透稳定性。

(2) 填充系数 C_T。填充系数表示细粒填满粗粒孔隙体积的程度：填充系数 $C_T < 0.9$ 表示细粒含量较大，填满了粗粒的孔隙体积；$C_T > 1.1$ 表明细粒未填满粗粒的孔隙，在土体中处于可移动状态；$C_T = 0.9 \sim 1.1$ 是过渡状态，这种状态细粒能否填满粗粒的孔隙还取决于土体的密实程度，密度大的土，则细粒填满了粗粒土的孔隙，否则细粒尚未填满粗粒土的孔隙，处于松动状态，一般状态多为 $C_T = 1.0$。

(3) 曲率系数 C_c。曲率系数 C_c 反映颗粒分布曲线的形状，早期是作为分析颗粒级配曲线优劣程度的系数。现可用作者提出的填充系数即式（2.1）来代替，即：

$$C_T = \sqrt{C_c} = \frac{d_{30}}{\sqrt{d_{60} \cdot d_{10}}} = 0.9 \sim 1.1 \tag{2.1}$$

(4) 不均匀系数 C_u。不均匀系数是将土体分为均匀土和不均匀土两大类的指标，均匀土无骨架和填料之分，粗细颗粒之间都是相互制约的，渗透破坏型式为流土型。20 世纪初期，自然界的土体由不均匀系数 $C_u \geqslant 5$ 将其分为不均匀土。40 年代末期，依斯托美娜研究土体渗透稳定的结果，将土体以 $C_u = 10$ 为界分为均匀土和不均匀土，$C_u \leqslant 10$ 的土为均匀土，土的渗透破坏型式为整体型，即流土破坏。工程实践表明，这一结论是可信的，因此可以认为，均匀土与不均匀土的划分标准也可用 $C_u = 10$ 为界来区分。

不均匀系数同时反映土骨架的代表性粒径与土体中细粒的代表性粒径二者之间的关系，不均匀系数越大，表明骨架粒径在土体中所占比例越多，因而土体密度增大。根据统计资料，土的不均匀系数越大，土体的干密度越大。图 2.3 为土体的孔隙率与不均匀系数的关系，可用式（2.2）来表述：

$$n = \frac{n_0}{\sqrt[8]{C_u}} = \frac{0.26 \sim 0.45}{\sqrt[8]{C_u}} \tag{2.2}$$

式中　n——土体孔隙率，以小数计；

n_0——均匀土体紧密和疏松状态的孔隙率，在 $0.26 \sim 0.45$ 之间，表示土体要达到的紧密程度，0.26 用于最紧密状态，0.45 用于最疏松状态。

另据普拉维德统计结果，如图 2.3 所示，土的孔隙率 n 与土的不均匀系数 C_u 呈以下关系：

$$n = 0.45 - 0.11 g C_u \tag{2.3}$$

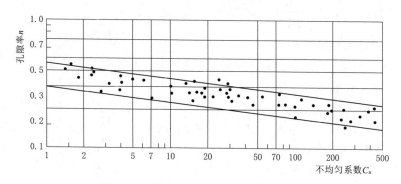

图 2.3　无黏性土的 n 与 C_u 之间的关系

2.3　不均匀无黏性土中细颗粒含量的作用

不均匀无黏性土颗粒组成的上述特征说明：要认识无黏性不均匀土的工程特性，必须研究粗细颗粒各自在土体中发挥的作用。这一工作往往从研究不均匀土的最优级配开始。

试验研究结果表明，粗细颗粒之间有一最优级配问题，当细颗粒在土体中的含量达 30％左右时，土体颗粒组成将处于最优组合状态，最密实、抗渗强度高、渗透系数小。认识这一特性，对研究土的其他特性很有实际意义。

图 2.4 是研究不均匀无黏性土料压实试验的一组曲线，图 2.4（a）中绘有一组颗粒组成曲线，颗粒组成曲线的特点将图 2.2 中的不均匀无黏性土的颗粒组成曲线的形成回归到原始状态，图 2.4（a）表示图中各条曲线是同一种粗粒料和同一种细粒料，是在不同时间以不同比例沉积混合而成。图 2.4（b）是各种混合料压实后的孔隙体积的变化与细粒含量之间的关系。图 2.4（b）中曲线 1 表明，当混合料中的细粒含量在 25％～35％，土体结构处于最佳状态，孔隙率最小。随着细粒含量的增大，土体的孔隙率又随之增大。图 2.4（b）中曲线

2 表明了土中骨架粗粒本身孔隙值变化情况，当土体中的细粒含量小于 25％时，对于土骨架而言，细粒含量增加时孔隙体积以很缓慢状态在增大，而且增量不到 5％，表明细粒的增加对土骨架的孔隙影响不大，即对土骨架的结构变化影响不大，但对整个土体而言，土体孔隙的变化呈明显的减小，如曲线 1 所示。当细颗粒的数量超过 30％以后，土骨架的孔隙明显的被细粒所撑大，土骨架的孔隙体积近乎呈直线的规律在增加，如曲线 2 所示。这一特征表明，由粗细两个部分的颗粒混合而成的不均匀无黏性土体，当土体中的细粒含量小于 30％时，细粒的存在对土骨架结构的变化影响不明显，可以说细粒处于自由活动独立状态，因而容易被渗流所带走，渗流破坏呈管涌型，但从土的整体而言，细粒含量小于 30％时虽然填不满骨架的孔隙，但使整个土体的孔隙随土中细料含量的增多在变小。从管涌试验的资料表明，当土体产生管涌破坏时，渗流量在加大，这就表明了细颗粒在土体中的特殊地位，细颗粒的流失将会影响土体的渗流性状。由此可见，不均匀无黏性土中细粒含量问题的研究对土中渗流性状的研究具有一定的实际意义，如何保护细粒的渗透稳定性，是反滤层研究的主要课题。

这一研究结果同时表明，不均匀无黏性土的最优级配是细料含量占 30％的土。30％的指标是判别土体结构是否完整也是判别无黏性土渗透破坏的标准。

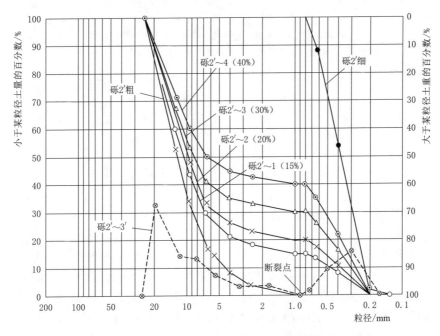

（a）不均匀土的形成模型（粗粒和细粒及混合料的颗粒组成曲线）

图 2.4（一）　不均匀无黏性土料的压实试验结果

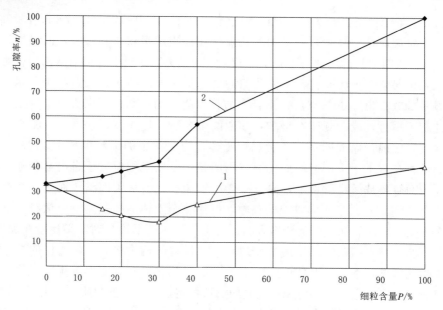

（b）不均匀土中细粒含量与土体结构的关系

图 2.4（二） 不均匀无黏性土料的压实试验结果

砾 2′细—细料；砾 2′粗—粗料；

1—由骨架粗粒砾 2′配成的各种混合料最小孔隙率的变化曲线；

2—骨架粗粒砾 2′掺入细料后骨架的最小孔隙率的变化曲线

$$粗料孔隙率 \ n = \frac{1-(1-P)\gamma_d}{\gamma_{s2}}$$

γ_d——混合料干容重；

γ_{s2}——粗料颗粒容重；

2.4 土的渗透性及渗透稳定性

2.4.1 无黏性土的渗透和渗透稳定性

1. 土的渗透系数

土的渗透系数代表土的渗透性质，是土力学中一项很重要的力学指标，土的工程性质很多地方都与土的渗透性质相关联，如土体的固结及渗透破坏等都与渗透性质密切相联系。表达土的渗透性质的主要指标是土的渗透系数，如何用土的颗粒粒径大小及孔隙率来描述土的渗透系数是渗流工作者多年研究的问题之一。土的颗粒组成试验是土工试验中的首选项目，掌握由土的颗粒组成确定土的渗透系数的方法，对工程师在无渗透试验资料的情况下第一时间认识土的基本性质很有实际意义。

研究计算土的渗透系数的数学模型，同时可以掌握土体中对渗透系数大小起主要作用的是哪些土体颗粒及其代表性粒径，故称这一粒径为等效粒径，这也是研究反滤层的关键性粒径。

根据理论分析及试验研究结果，将无黏性土渗透系数与土体等效粒径之间的关系绘成图 2.5 和图 2.6。图 2.5 为天然无黏性土的渗透系数与土体等效粒径之间的关系，可表述为

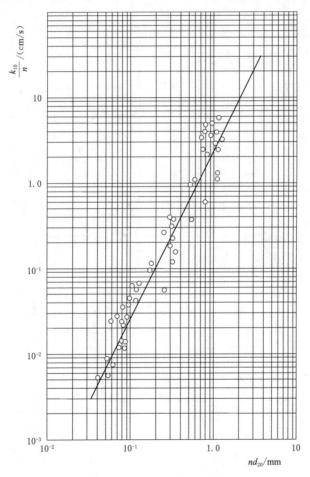

图 2.5　天然无黏性土渗透系数与土体等效粒径 d_{20} 的关系

注　k_{10} 为水温为 10℃时土的渗透系数值。

$$K = 2.34n^3 d_{20}^2 \qquad (2.4)$$

图 2.6 为人工碎石土的渗透系数与土体等效粒径之间的关系，同样可表示为

$$K = 1.05n^3 d_{20}^2 \tag{2.5}$$

式中　K——渗透系数，cm/s；

　　　d_{20}——土的等效粒径，mm；

　　　n——土的孔隙率，以小数计。

比较式（2.4）和式（2.5）可知，两者具有相同的数学模型，只是式中的系数有些区别，表明了等效粒径 d_{20} 是两种土料共同的特征粒径，区别之处产生于两种类型的土体土颗粒的形状不同，表明两种土料的形状系数之比为 2.2。

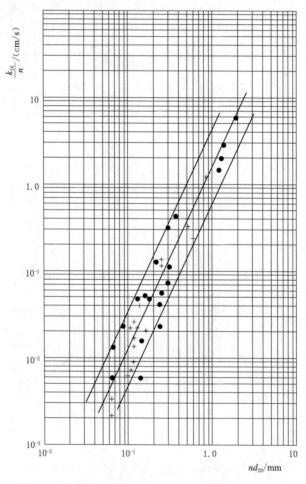

图 2.6　人工碎石土渗透系数与土体等效粒径的关系

有文献表明，以 d_{20} 作为计算土的渗透系数的等效粒径确定的数学模型，对自然界的土料而言，适用范围更加广泛，与室内试验结果相比较，可信度可达 80％以上，居现有计算方法之首位。

2. 无黏性土的孔隙平均直径

土的孔隙直径可以由试验直接测定，也可以由渗透系数推算而得。试验研究结果表明，无黏性土的孔隙平均直径 D_0 决定于土中细粒的粒径与等效粒径 d_{20} 的关系，根据试验结果绘于图 2.7。图 2.7 表明，土的孔隙直径 D_0 若与等效粒径 d_{20} 来表示，则关系比较密切，与土的不均匀系数 C_u 没有直接关系，不随土的不均匀系数而变化。如果等效粒径以 d_{20} 为代表，可以直接表达任何无黏性土的孔隙直径，包括均匀土和不均匀土，更适用于确定大多数级配不连续型土的孔隙直径。图 2.7 可用式 (2.6) 来表述。

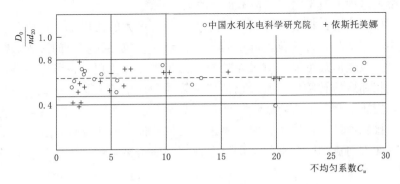

图 2.7　$\dfrac{D_0}{nd_{20}} = f(C_u)$ 的关系图

$$D_0 = 0.63nd_{20} \tag{2.6}$$

图 2.5～图 2.7 表明了一个共同性的问题，代表无黏性土孔隙大小的特征粒径即等效粒径，是土中细粒部分的控制粒径，即 $d_{30.0.7} = d_{21} \approx d_{20}$ 的粒径。它是土中控制细粒特性的代表性粒径，即填满土骨架孔隙的 30% 细颗粒的代表性粒径，在细颗粒中出现的概率为 70%。太沙基在《工程实用土力学》中早就指出，土的特性应视土中相当于 20% 的极细土粒而定，最好应选择 D_{20} 和 D_{70} 作为土体的特征粒径。实践表明，这一结论是正确的。所以作者以 d_{20} 作为土的等效粒径。

3. 无黏性土的渗透破坏特性

土石坝渗透破坏的程度和类型与土体的渗透破坏特性有密切关系，土石坝的渗透破坏概括起来有两种类型：一类是溃决，是一种最严重的情况，危害性最大；另一类是坝基或坝体遭到渗透破坏，出现渗流通道，坝面塌坑等事故。如果这类渗透破坏不及时发现和处理，也容易造成溃坝。无论何种渗透破坏，内因都与防渗土料的渗透稳定特性有关。为了从深层次分析土石坝的渗透破坏，依斯托美娜将土的渗透破坏特性细分为流土、管涌、接触流失、接触冲刷四种类型。前两种渗透破坏形式开始都是发生在单一土层中，后两种渗透破坏形式多发生在层状的土中，发展到一定程度，都成为管道中涌水涌砂的破坏形式。

（1）流土：在上升渗流的作用下，因局部土体的表面隆起或某一部分颗粒群体的同时起动而流失，形成的渗透破坏称为流土。前者多发生在含有粉土颗粒的均匀土体或薄层黏性土中，后者多发生在均匀的无黏性土中，都是发生在渗流出口无任何保护的情况下，表明土体结构内部是稳定的。

（2）管涌：在渗流作用下，土体中仅仅是细颗粒在土体孔隙通道中的移动并被带出土体以外的渗透破坏称为管涌，主要发生在不均匀系数 $C_u > 10$ 的砂砾石土层中，这种土属于内部结构不稳定的土。

（3）接触流失：在层次分明，渗透系数相差很大的两层土中，当渗流垂直于土层层面流动时，将细粒土层中的土颗粒带入粗粒层孔隙中的渗透破坏称为接触流失。表现形式可能是单个颗粒被渗流带入相邻土层，也可能是颗粒群体同时进入相邻层的孔隙中，所以包括接触管涌和接触流土两种形式。对反滤层的研究，实质上是对土的接触流失性质的试验研究。

（4）接触冲刷：在层次分明，渗透系数相差很大的两土层中。当渗流沿两土层的层面方向流动时，细粒土层沿层面遭到渗透破坏形成渗流通道，称为接触冲刷。

土体的四种破坏型式中以流土型的破坏危害性最大，它可以很快地导致大堤或大坝的溃决，如美国 1976 年溃决的堤堂坝，是一座肥厚的心墙坝，防渗心墙土料是一种低塑性粉砂土，渗透破坏为流土型。大坝溃决时基岩中齿槽承受的水力比降仅为 2.0，齿槽的渗流出口及心墙下游面均无任何反滤层作保护。渗流开始出现是在右岸坝脚以外的坝坡上，最后从右岸溃决，从第一次发现渗水到坝的溃决，历时仅 5h，溃决速度很快。

英国巴德黑德坝心墙土料是砾质黏性土，美国的尼山坝心墙土料为含砾砂的砂性土。分析结果表明，二者均为管涌型土，由于心墙下游面设置的反滤层过粗，心墙土中的细颗粒流失，产生渗透破坏，破坏形式为接触管涌，破坏结果只是造成大坝的渗透破坏，导致渗流量加大，坝顶出现塌坑，心墙中的孔隙水压力升高，而未导致溃决，仍然能够带病工作。

上述工程实例表明，管涌破坏主要是造成建筑物的渗透破坏，不会立即造成大的事故，有时间可以制止继续破坏，所以危险程度远小于流土型破坏。由此可以看出，掌握土的渗透破坏特性，对土石坝工程师分析水工建筑物的渗流控制成效具有实际意义。

不均匀无黏性土可以将其视为由粗细两个部分混合而成，土的渗透破坏型式，决定于土体中的细粒料填满粗粒料孔隙的程度，当细料填不满粗料孔隙时，渗透破坏型式为管涌型。细料一旦填满或大于粗料孔隙体积，则渗透破坏型式变为流土型。无黏性土渗透破坏型式可采用作者提出的判别方法，即细料含量法，可以归纳为图 2.8。

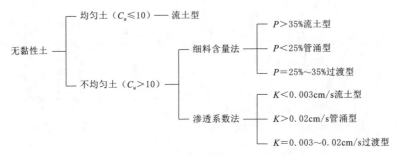

图 2.8 判别无黏性土渗透破坏型式的方法

不均匀无黏性土中区分粗细颗粒的区分粒径，对于缺乏中间粒径的土，以粒径缺乏部分的中间粒径为标准，对于颗粒级配是连续型的无黏性土，以其几何平均粒径为标准。

$$d_q = \sqrt{d_{70} \cdot d_{10}} \qquad (2.7)$$

式中　d_{70}、d_{10}——土体的特征粒径，在土体中的含量分别为 70% 和 10%。

4. 无黏性土的破坏水力比降

无黏性土的破坏水力比降，也称为土的抗渗强度，它表示土体抵抗渗透破坏的能力，是分析土工建筑物能否渗透破坏的主要指标，也是渗流控制中所采用的主要指标。

无黏性土的破坏水力比降 J_p 决定于土的颗粒组成特性，与土的不均匀系数及细粒含量直接有关，根据作者的研究结果表明，破坏水力比降 J_p 与土中的细粒含量呈图 2.9 的关系，与渗透系数呈图 2.10 的关系。

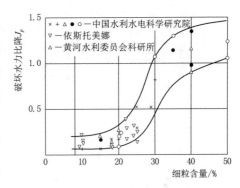

图 2.9 无黏性土的破坏水力比降 J_p 与细粒含量的关系

（1）无黏性土流土型的破坏水力比降：

$$J_p = (G_s - 1)(1 - n) \qquad (2.8)$$

式中　G_s——土的比重；

　　　n——土体孔隙率，以小数计。

（2）无黏性土管涌型的破坏水力比降：

$$J_p = 2.2(1 - n)^2 (G_s - 1) \frac{d_5}{d_{20}} \qquad (2.9)$$

式中 d_5——小于该粒径土颗粒的质量占总质量的 5%；

d_{20}——小于该粒径土颗粒的质量占总质量的 20%。

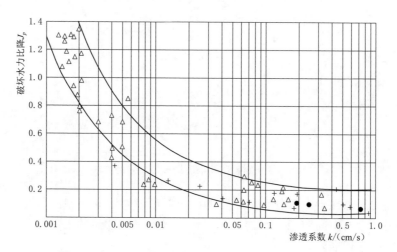

图 2.10 $C_u \geqslant 10$ 的不均匀无黏性土 J_p 与 J_{KP}-K 关系

注 △—中国水利水电科学研究院

+—依斯托美娜

●—黄河水利委员会科研所

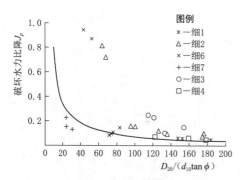

图 2.11 无黏性土接触冲刷的破坏水力
比降 J_p 与 D_{20} 的关系

（3）无黏性土接触冲刷水力比降：

$$J_p = 6.5 \frac{d_{10}}{D_{20}} \tan\phi \qquad (2.10)$$

式中 d_{10}——细粒土层中小于该粒径
土颗粒的质量占总质量
的 10%；

D_{20}——粗粒土层中小于该粒径
土颗粒的质量占总质量
的 20%；

ϕ——细粒土的内摩擦角。

无黏性土接触冲刷破坏水力比降

J_p 与颗粒级配的关系绘于图 2.11。

2.4.2 多级配砾质细粒土的渗透及渗透稳定特性

多级配砾质细粒土的产状主要是洪坡积，颗粒组成的级配变化范围很广，由胶粒直到砾石，不均匀系数变化为 500～800，若以工程常用的 5mm 为粗细粒的区分粒径，细粒的含量变化为 30%～70%；以 0.1mm 为区分粒径，则细粒含量变化为 15%～50%；小于 0.005mm 颗粒含量小于 10%，渗透系数变化为

$10^{-4} \sim 10^{-6}$。已有的研究结果表明，多级配砾质细粒土是土石坝防渗体的主要材料。典型的多级配砾质细粒土粒径组成可参见瀑布沟高土石坝的颗粒组成，如图 2.12 所示。

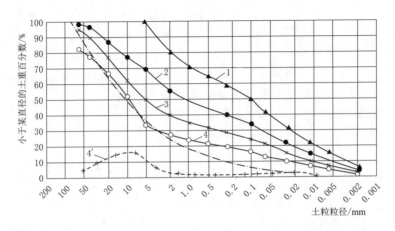

图 2.12　瀑布沟土石坝心墙多级配砾质细粒土颗粒组成的变化特性

1—小于 5mm 颗粒组成；2、4—上、下包线；3—平均线；

4′—曲线 4 的颗粒分布曲线；—·—泥山坝（美国）

1. 多级配砾质细粒土的渗透性

多级配砾质细粒土属无黏性土类，土的渗透性具有无黏性土的性质，因而同样决定于土颗粒组成的级配特征，与细颗粒含量密切相关。图 2.13 是图 2.12 中 4 种砾质土料的渗透系数与粒径小于 0.1mm 颗粒含量的关系。图 2.13 同时表明，当土中小于 0.1mm 的颗粒含量为 35% 左右时，砾质细粒土的渗透系数最小，在密实状态下，渗透系数甚至可达 1.02×10^{-6} cm/s，表明了砾质细粒土的渗透系数与细粒含量的密切关系。d_{20} 同样是这类土的等效粒径。

2. 多级配砾质细粒土的渗透稳定性

在渗透稳定性方面，砾质细粒土渗透稳定的基本性质同样决定于细粒填满粗粒孔隙体积的程度。细粒填满粗粒孔隙体积后，土的全部颗粒成为一个整体结构，将具有最大的密度及良好的渗透稳定性，所以砾质细粒土以细粒刚刚填满粗粒孔隙体积时的颗粒级配为最优级配，其细粒料含量为最优细粒料含量，可以按下式确定：

$$P_{op} = \frac{0.30 - n + 3n^2}{1 - n} \tag{2.11}$$

式中　P_{op}——最优细粒含量；

　　　n——多级配砾质细粒土的孔隙率，以小数计。

19

多级配砾质细粒土的渗透稳定性判别可以采用作者的最优细粒含量法判别：

$$P_x < 0.9 P_{op} \qquad 管涌型 \qquad (2.12)$$

$$P_x > 1.1 P_{op} \qquad 流土型 \qquad (2.13)$$

$$P_x = (0.9 \sim 1.1) P_{op} \qquad 过渡型 \qquad (2.14)$$

式中　P_x——颗粒级配曲线上实际出现的细颗粒的含量值。

粗粒和细粒区分粒径的确定方法，相同于无黏性土级配连续型土的方法，即采用几何平均粒径，按式（2.15）确定。

$$d_q = \sqrt{d_{70} d_{10}} \qquad (2.15)$$

多级配砾质细粒土属无黏性土类，土的渗透性同样决定于等效粒径 d_{20} 及孔隙率，可按式（2.16）确定。

即　　　$$k = 2.34 n^3 d_{20}^2 \qquad (2.16)$$

2.4.3　黏土的渗透稳定特性

黏土是指小于 0.005mm 的颗粒含量大于 10% 的土，具体可分为分散性黏土和非分散性黏土两种类型。在自然状态下黏土的黏土颗粒都以粒团状存在，抵抗渗透破坏的能力很强，因此试验室加入分散剂测定的黏粒含量并不能反映黏土的工程性质。太沙基早

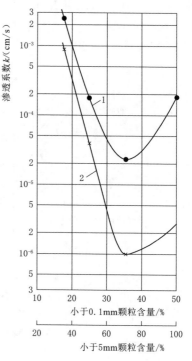

图 2.13　砾质土渗透系数与细料
小于 0.1mm 颗粒含量的关系
1—$\rho_{d0} = 2.04\mathrm{g/cm^3}$；2—$\rho_{d0} = 2.13\mathrm{g/cm^3}$；
ρ_{d0}—<5mm 颗粒的土密度

就提出，黏土的颗粒级配曲线不能反映土的性质，应当采用水理性，即稠度，包括液限和塑限含水量，作为分析黏土工程性质的指标。但是，有些黏土在纯净水中，呈粒团存在的黏土颗粒却能自行分散成很细的原级颗粒。一般将这种类型的黏土称为分散性土。这种土由于黏土颗粒在纯净水中易分解为极细的黏土颗粒，抵抗纯净水渗流破坏的能力很低，容易渗透破坏。如海南省三亚市岭落水库是座小型水库，大坝为均质土坝，最大坝高只有 18.5m，坝体是分散性土，1993 年建成，1995 年突然出现一次暴雨，使水库水位由限制水位猛然涨至校核水位，涨幅 3m。渗流由靠坝顶的下游坝坡开始溢出，因下游坝坡无反滤层保护，坝体呈流土渗流破坏，5h 后大坝溃决。

大坝溃决后分析溃决原因，主要是坝体土料为分散性土，抵抗纯净水渗透破坏的能力很差。水库中的蓄水全部由当天的雨水所形成，是天然的纯净水，无任何矿物元素。大坝虽然是一座黏土均质土坝，其作用水头也不大，但因土料抵抗渗流破坏的能力很差，很快遭到渗透破坏，表明了分散性土抵抗渗透破

坏的能力很差。

根据国内外工程实践经验，黏土分为分散性和非分散性两种类型。最常见的还是非分散性土，可称为一般黏土。一般黏土的渗透破坏有三种形式：第一种是在渗流向上的情况下，破坏成流土型，开始破坏土表面呈隆起状，称为隆起破坏，有些土一开始就呈穿孔状，成穿孔破坏；第二种情况是渗流方向向下时，下表面被水所淹没，渗透破坏形式是土体表面呈薄片块状向下剥落，称之剥落破坏；第三种破坏形式是裂缝渗流冲刷。

1. 一般黏土的破坏水力比降

（1）流土破坏的水力比降——隆起破坏：

$$J_p = \frac{4C}{r_w D_0} + 1.25(G_s - 1)(1 - n) \qquad (2.17)$$

$$C = 0.2W_L - 3.5 \qquad (2.18)$$

式中　D_0——土体表面无保护呈隆起后土体穿孔破坏时的破坏孔径；

　　　γ_w——水的密度，kN/m^3；

　　　G_s——土体的比重；

　　　n——土的孔隙率，%；

　　　C——土体抵抗渗透破坏的内聚力，kPa；

　　　W_L——土的液限含水率（图 2.14），%。

根据黏土一般破坏特征，选取土体流土时开始穿孔的破坏孔洞直径为 1m，渗流的 $\gamma_w = 10kN/m^3$，则破坏水力比降：

$$J_p = 0.4C + 1.25(G_s - 1)(1 - n) \qquad (2.19)$$

式（2.19）表明，一般黏土渗流向上产生隆起时的水力比降由两部分组成：一部分是土体的抗渗内聚力，另一部分是土体的浮密度。由于黏土具有内聚力，比无黏性土具有较高的抗渗强度，为工程界所青睐，早期为土石坝防渗体的首选材料。将内聚力 C 以式（2.18），即土的液限含水率来表示，则式（2.19）可写为

$$J_p = 0.08W_L - 1.4 + 1.25(G_s - 1)(1 - n) \qquad (2.20)$$

（2）裂缝黏土的渗透破坏特性。

黏土的特点是容易产生裂缝，作为防渗体，易产生裂缝冲刷，抗渗强度明显降低。

黏土裂缝后的抗渗强度决定于渗流出口的保护条件，图 2.15 为裂缝土渗流出口反滤层的等效粒径与渗流冲刷水力比降的关系，可用式（2.21）来表示：

$$J_{L-P} = \frac{50e_L^2}{\sqrt{D_{20}} - 0.4} \qquad (2.21)$$

式中　J_{L-P}——裂缝土的破坏水力比降；

e_L——土体处于液限状态时的孔隙比；

D_{20}——反滤层的等效粒径，mm。

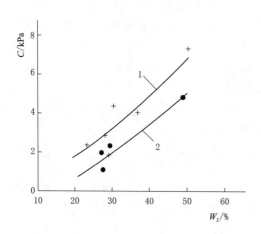

图 2.14　黏土的液限与抗拉内聚力关系图

$1—\rho_d = 0.98\rho_{d\max}$；$2—\rho_d = 0.92\rho_{d\max}$；

ρ_d— 土的密度

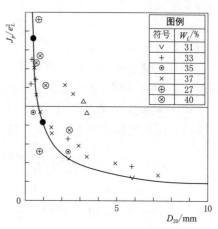

图例	
符号	$W_L/\%$
V	31
+	33
⊙	35
×	37
⊕	27
⊗	40

图 2.15　裂缝黏土的抗渗强度与
反滤层等效粒径关系

$$e_L = W_L G_s \tag{2.22}$$

式中　G_s——土粒比重；

W_L——液限含水率，以小数计。

若 $G_s = 2.7$，则

$$e_L = 2.7 W_L \tag{2.23}$$

式（2.21）则为

$$J_{L\text{-}P} = \frac{364 W_L^2}{\sqrt{D_{20}} - 0.4} \tag{2.24}$$

2. 分散性土的破坏水力比降

分散性土在纯净水中内聚力全部消失，可以视为无黏性土，渗透破坏的水力比降同于无黏性土，因而破坏水力比降为

$$J_p = (G_s - 1)(1 - n) \tag{2.25}$$

式中　G_s——土的比重；

n——土体孔隙率，以小数计。

2.4.4　土的渗透性及渗透稳定性研究结果

土的渗透性及渗透稳定性的试验研究结果表明，对于无黏性土的工程基本性质可以得出以下几条基本概念。

（1）决定无黏性土物理力学性质的首要因素是土的颗粒级配。颗粒级配通常以颗粒级配曲线来表达。为了准确地了解颗粒级配曲线的特性，曲线的准确绘制方法，不是将各试验点用光滑的曲线相连接，而是将试验点以折线相连接，以防人为地曲解试验结果，将缺乏中间粒径的土绘成级配连续型土。

（2）研究无黏性土的工程特性时，首先应根据颗粒级配曲线特性将土体以不均匀系数 $C_u = 10$ 分为均匀土或不均匀土两大类，均匀土无骨架与填料之分，各部分颗粒共同构成一个整体，渗透破坏只有流土型一种。不均匀土是由骨架和细料两个部分混合而成，渗透破坏有管涌和流土两种形式，工程性质主要取决于骨架和细料各自在土中发挥的作用。简单而言，土的力学性质主要取决于骨架的颗粒组成及性质，对渗透性和渗透稳定性起作用的首要因素是细颗粒的组成及其在土体中的含量。

（3）不均匀土的颗粒级配又分连续和不连续两种级配，不连续级配的土多为缺乏中间粒径的土。对于级配连续型土，以几何平均粒径为骨架和细料的区分粒径，即 $d_q = \sqrt{d_{70} \cdot d_{10}}$。颗粒级配缺乏中间粒径的土，以缺乏部分的中间粒径为骨架和细料的区分粒径，这类土的特点，颗粒级配曲线的中段往往出现一平台段，平台段的粒径含量总共不到 6%，这一平台段多数出现在 $1 \sim 5\text{mm}$ 之间。

（4）不均匀土中骨架占 70%，细粒占 30% 的土为最优级配的土，力学性能和渗透稳定性能方面骨架和细粒二者均可发挥作用，性能很好。土中骨架含量大于 70% 的不均匀土，力学性能最好，主要是骨架的性能，但渗透和渗透稳定性能要差于最优级配的土。同样，细料含量大于 30% 的土，该类土具有良好的渗透稳定性，渗透性主要决定于 30% 细粒的颗粒组成，以细粒中 70% 的粒径为代表，即以 d_{20} 为代表。

（5）根据上述无黏性土颗粒级配组成及渗透破坏的特性，在反滤层设计方法的研究中从渗透稳定性的角度出发，作者选用了保护细料的原则。

第 3 章 反滤层的功能及其在
渗流控制中的作用

土石坝渗流控制的目的，一是减小渗漏量，二是防止坝体渗透破坏。在土石坝中反滤层与防渗体协同工作，共同担负渗流控制的任务。防渗体本身主要起防渗作用，反滤层具有滤土排水减压功能，保护防渗体的渗透稳定性，二者共同组成一道渗流控制防线。在合适的反滤层保护下，防渗体允许的破坏水力比降将大幅度提高，从而有效地避免防渗体的渗透破坏。薄心墙坝在防渗体发生裂缝时，由于反滤层的滤土作用，裂缝不会渗流冲刷，以后还可在渗流作用下逐渐自愈。这些功效不仅得到室内模型试验所证实，还得到工程实际运行的考验，本章主要介绍作者的有关研究成果及工程运行实例。

3.1 反滤层的滤土功能

众所周知，土体的渗透破坏开始于渗流出口，用反滤层保护渗流出口可以同时起到滤土和排水减压的作用。滤土和排水减压是设计反滤层的两条基本原则，只有同时满足了这两条原则，才能发挥在防渗体中渗流控制的作用，这是对我国几千年治水经验——防排结合原理的充分发挥和完善。其中滤土准则是用来确定反滤层所允许的最粗颗粒组成，而排水减压准则是控制反滤层可允许的最细粒径，即排水能力。合适的反滤层可以显著提高防渗体抵抗渗透破坏的能力，而排水减压不仅保护防渗体的渗透稳定，同时还可以保证整个水工建筑物的整体稳定性，这一原理的广泛实施终于完善了 20 世纪 50 年代土石坝在渗流控制中提出的最为关注的关键技术排水问题，同时解决了防渗体在渗流逸出口的水力比降最大，应设法减小出口的水力比降，防止渗流出口的渗透破坏问题，以确保防渗体不会渗透破坏。

3.2 反滤层的滤土作用在室内模型试验中的充分展现

室内模型试验结果表明，合适的反滤层可以显著提高被保护土的破坏水力比降，防渗体裂缝也可以在反滤层保护下自愈。

3.2.1 不均匀砂砾石的反滤层室内试验研究

作者的试验仪器是 $\phi20cm$ 的垂直管涌仪，渗流方向自下向上，逐级加大试验水头，以观察渗透破坏过程。被保护土层位于反滤层的下部，是工程中常见的一种形式。试验采用的土料编号为土2，颗粒级配的曲线属级配连续型，最大粒径38mm，不均匀系数 $C_u=54$，粗料和细料之间的区分粒径 $d_q=\sqrt{d_{70}\cdot d_{10}}=2.8mm$，表明细料含量为22%，小于25%，作者首先进行了渗透破坏试验，试验结果表明是一种管涌破坏型土。经分析后以试验土样中承受的水力比降 J 与渗透流速 V 二者关系曲线的变化为基础，结果显示破坏水力比降 $J=0.29$，抵抗渗透破坏的能力很弱。被保护土的颗粒组成曲线绘于图3.1。

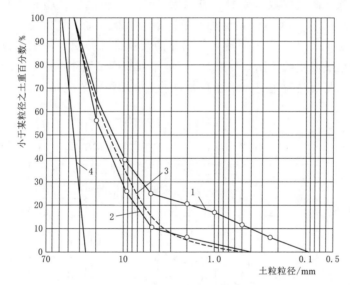

图 3.1 土2、反滤层11试验前后的颗粒级配曲线

1—土2原级配；2—试验后试样的上层；3—试验后试样的下层；4—反滤层11

试验一 无合格的反滤层保护，被保护土以原始状态渗透破坏

首先以土料反滤层11进行反滤试验，颗粒级配曲线绘于图3.1。图3.1中曲线1为被保护土，反滤层为曲线4。图3.2为土体及反滤层在试验过程中承受水头能力的变化情况。结果表明，由于反滤料过粗，起不到反滤作用，当被保护土中的水力比降达到原始破坏水力比降时，即 $J=0.29$ 时，在两层土之间就产生了接触管涌，破坏水力比降无任何提高。由于被保护土遭到渗透破坏，土中的细颗粒被渗流带走进入反滤层，致使被保护土中的渗流量增大，J-V 曲线的变化规律，在双对数坐标图中不再按照达西定律遵守 $45°$ 的变化规律，表明土2开始渗透破坏时的破坏水力比降仍然为 $J=0.29$，未能得到提高。继续提高作

用水头，图 3.2 中表明，当土 2 中的水力比降增大到 $J=0.47$ 时，土 2 中有更多的细颗粒进入反滤层，反滤层孔隙被土中的细颗粒淤填，渗透性能也开始发生变化，渗透系数减少。此后在反滤层中开始出现渗流水头。继续加大试验水头，当被保护土承受的水力比降高达 $J=3.3$ 时，由于土 2 中细颗粒的流失量过多，导致渗透系数明显增大，致使承受试验水头的能力减小，承受的水力比降自动下降。由于被保护土中的细颗粒进入反滤层后的淤填作用，反滤层的渗透系数相应减小，排水能力减弱，开始承担一部分试验水头。最后反滤层中承担的作用水头高达 $J=0.15$，随后停止试验。图 3.2 是反滤试验过程中 $J-V$ 关系曲线的变化情况。从图 3.2 中流速 V 的变化情况可知，由于被保护土 2 中细颗粒的流失，致使渗透系数比原始状态增大了 6 倍。反滤层试验后的颗粒分析结果显示，反滤层 11 未能提高被保护土抵抗渗透破坏的能力，致使土 2 中细颗粒的带出量高达 15% 以上，表明遭到了明显的渗透破坏。被保护土及反滤层试验前后的颗粒组成曲线绘于图 3.1。这一试验结果表明了两个问题，一是被保护土是管涌土，二是反滤层过粗，未能有效阻止土中细颗粒的流失。

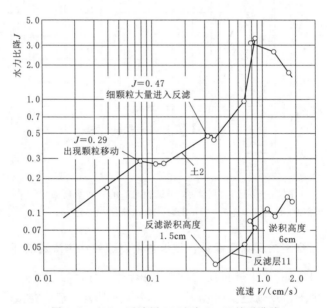

图 3.2　土 2、反滤层 11 试验 $J-V$ 关系曲线

试验二　合适的反滤层能提高被保护土的破坏水力比降

同样是上述被保护土 2，若将反滤层变细，改为反滤层 4，当土 2 承受的水力比降大于 0.29，达 $J=0.7$ 时，土体中的渗流性状仍然没有任何变化，渗透规律仍符合达西定律，$J-V$ 关系曲线以 45° 的角度在增大，表明反滤层起到滤土

作用。当土 2 中的水力比降提高到 $J=1.2$ 时，才开始见到土 2 中有细颗粒流出并进入反滤层，但很快停止。继续升高水头，被保护土中的流态才有所变化，但细颗粒没有明显地流失。再继续升高水头，直至试验水力比降高达 $J=3.5$ 后，停止试验。试验过程中的 $J\text{-}V$ 曲线绘于图 3.3。试验结束后，对被保护土 2 重新进行颗粒分析，试验分析结果显示，表层细颗粒的流失量为 3.7%，中下两层仅为 0.9%，属于误差范围。试验后的颗粒分析曲线绘于图 3.4，$J\text{-}V$ 关系曲线绘于图 3.3。试验结果表明，被保护土 2 用反滤层 4 保护后，抗渗水力比降由 0.29 提高到 3.5，提高了 10 倍以上，充分表明了反滤层控制渗透破坏的作用。

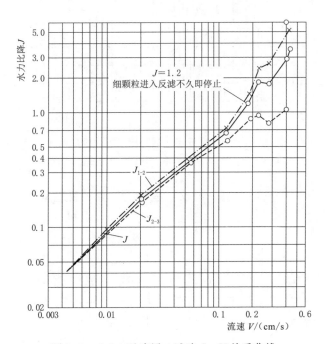

图 3.3　土 2、反滤层 4 试验 $J\text{-}V$ 关系曲线

3.2.2　反滤层保护下黏土中的裂缝可以自愈、软弱土层可以渗透压密

　　高土石薄心墙坝崛起于近代，由于心墙与坝壳之间变形不协调，心墙上部容易产生拱效应。蓄水运行初期，第一次高水位运行时心墙有可能产生水力劈裂，出现水平向且上下游呈贯通状的水平裂缝，心墙因此很容易遭到渗透破坏，以英国 1965 年兴建的巴德黑德心墙土石坝渗透破坏为典型。为解决这一问题，20 世纪 80 年代前后国际上一度将坝型改为斜心墙坝，而且斜心墙在水平面上的布置呈拱形，心墙中心拱向上游，以防止心墙运行初期的水力劈裂问题。但这一工程措施给施工带来很大难度。大坝两侧靠近岸坡部位，心墙土体不均匀变

形也容易产生横向裂缝。工程实践表明，心墙下游面的反滤层可以防止心墙裂缝的渗流冲刷，而且可以促使心墙裂缝自愈。室内模型试验验证结果，也进一步证实了这一结论，以后高土石坝防渗心墙的设计又恢复到直心墙的原始状态。下面介绍作者进行的两组室内试验结果。

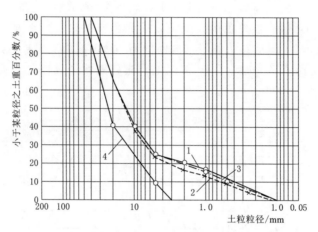

图 3.4　土 2、反滤层 4 试验前后颗粒级配曲线

1—土 2 原级配；2—试验后表层；3—试验后下层；4—反滤层 4

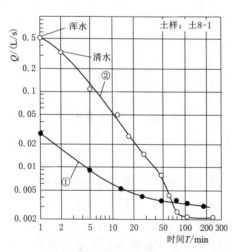

图 3.5　裂缝愈合试验流量 Q 与时间 T 的关系曲线

①—反滤 $D_{20}=0.6mm$；②—反滤 $D_{20}=1.2mm$

试验仪器为 $\phi 10cm$ 的垂直管涌仪，呈水平放置，裂缝呈水平状，裂缝开度为 1mm，宽度 7cm，长度 10cm，一次施加水头。试验土样为宁夏大柳树工程土 8 - 1，土料液限含水量为 37.0%，塑性指数 9.6，黏粒含量 36%，土样分类为黏土，裂缝试验结果绘于图 3.5。图 3.5 中表明了裂缝愈合过程，裂缝中的起始渗流流速决定于反滤层颗粒粒径的大小，如果反滤层满足要求，试验开始裂缝虽然会产生渗流冲蚀，但冲刷颗粒将会被反滤层阻滞，冲刷很快停止，而且裂缝渐渐愈合，在高达 249 的水力比降作用下，试验约 100min，裂缝愈合层得到渗透压密，渗流量达到稳定状态。以后渗流量不再变化，而且渗流量很小，稳定在 0.0021～0.0030L/s，趋于常数。图 3.6 为另一组土样裂缝自愈试验结

果，土样为黑龙江南引工程中土样 3 的裂缝愈合试验结果，土样的液限含水量 24.5%，塑性指数 7.8，小于 0.005mm 的黏粒含量为 23%，分散度 46%，为分散性土。图 3.6 表明了试验结束后试样裂缝在上下游面的愈合性状，下游面的裂缝全部消失，愈合效果很好。

（a）上游面　　　　　　　　　　（b）下游面

图 3.6　南引工程土样 3 裂缝愈合试验后裂缝愈合性状

3.3　薄心墙坝在反滤层保护下安全运行的工程实例

下面介绍几座土石坝防渗体在反滤层保护下，裂缝自行愈合安全运行的工程实例。

工程实例一　防渗斜墙中的裂缝自愈

位于河南省淮河支流沙河的昭平台水库，最大坝高 35.5m，水库库容 7.27 亿 m^3，是一座大（1）型水库，大坝是一座黏土斜墙坝，土料为重粉质壤土，黏粒含量为 25%，$d_{85}=0.06\sim0.08$mm，施工质量良好。坝壳为砂砾石，d_{20} 在 1mm 左右，与坝壳之间还专门设一层细砂反滤层，厚度 4.0m，$D_{50}=0.3\sim0.5$mm，$C_u=3.3$，$D_{20}\leqslant0.2$mm，是一种严格的反滤层。大坝桩号 $1+300\sim2+100$m 段位于右岸台地段，地基表面有一层厚度为 $2\sim7$m 的重粉质壤土层，该段大坝实际上兴建于该壤土层地基上，坝体如果出现渗流不会渗入地基，可以从不透水壤土层表面直接从坝脚流出坝体以外，有利于直接观测防渗斜墙的渗流性状，大坝断面如图 3.7 所示。

大坝 1960 年基本建成，1979 年以前，水库水位一直在兴利水位 169.00m 以下运行，此段斜墙承受的水头不到 18.0m，坝脚无渗流溢出。从 1979 年开始，水库水位才开始向高水位运行。1979 年 9 月 15 日，库区连续降雨，水库水

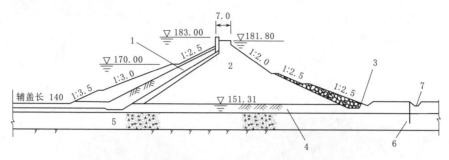

图 3.7　昭平台大坝桩号 1+666m 断面图（单位：m）

1—黏土斜墙；2—坝壳砂砾石；3—渗水逸出点；4—重粉质壤土层；

5—坝基砂砾石层；6—减压井；7—排水沟

位由限制运行水位 167.00m 迅速上升，在 7 天之内共上升 7.52m。当水库水位涨幅达 4.8m 时，立即发现右岸台地大坝在 1+666m 断面附近下游排水沟中有渗流逸出，表明斜墙产生渗流降雨停止三天后，地表水流对坝身渗流的影响消除，此后纯属防渗斜墙中的渗流，渗流量稳定在 2.3L/s，渗水清澈。以后渗流逐渐减少，表明坝体未遭渗透破坏，裂缝愈合后得到渗透压密。直到翌年 3 月，水库水位降低到以前的最低运行水位 167.00m 时，坝后渗流全部消失，表明渗流来自上部斜墙。从此以后，每年运行时都出现类似情况，但在同一水库水位下渗流量逐年减少。经分析认为，大坝斜墙在 167.00m 以上经过 10 年的干旱运行出现了干缩裂缝。首次库水位连续快速上涨，斜墙遭到水力劈裂，产生渗流。为了验证这一结论，曾用同位素在上游坝坡进行了示踪测试，证实大坝在桩号 1+658～1+665m 范围内，高程 169.00m 附近斜墙上有渗流通道。

多年的观测结果表明，在高水位运行时，该坝段坝后仍有渗流，但渗流清澈，无土颗粒带出，而且渗流量逐年减少。图 3.8 绘出了该坝段坝后四个年份渗流量的变化情况。图 3.8 表明，在同一水库水位下斜墙中的渗流量逐年减小。上述情况表明大坝斜墙在高水位运行时，虽然上部一度产生了裂缝渗流，但在反滤层的保护下，裂缝不但未遭到渗流破坏，而且在渗流的作用下，逐渐自愈，因而在同一水位下，渗流量逐年减少，表明斜墙的防渗性能在反滤层的保护下不断加强，大坝渗流控制效果良好。

工程实例二　一座极薄心墙坝的安全运行

辽宁省柴河水库，库容 6.36 亿 m³，是一座大型水库，为黏土心墙坝，坝高 48m，心墙上下游边坡坡比均为 1：0.064，坝身最大厚度 10m，底部厚度仅 5m，承受的平均水力比降达 8 以上，是 20 世纪以前世界上最薄的一座土质心墙坝。心墙底部承受的平均水力比降高达 9.0。大坝 1977 年建成，由于心墙施工质量较低，厚度远小于常规标准，担心会产生渗透破坏。建成后被列为国家重

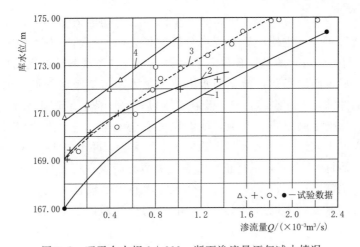

图 3.8　昭平台大坝 1+666m 断面渗流量逐年减小情况
1—1979 年观测值；2—1982—1983 年观测值；3—1983—1984 年观测值；4—1985 年观测值

点病险水库之一，直到 1985 年，建成 8 年之久，不能投入正常运行。之后中国水利水电科学研究院岩土所对此坝进行安全论证。安全论证前，首先对工程进行了全面了解，掌握了工程中存在的主要问题。

（1）黏土心墙断面太小，坡比只有 1∶0.064，创世界纪录，施工质量又差，心墙土料是在高含水率的条件下填筑的。填筑含水率高于最优含水率达 1%～6%，虽然超压严重，但土料的干密度仍然较低，未达到设计值 1.66g/cm³。由于施工中心墙土层多次超标准碾压，剪切破坏严重，心墙土体多处存在剪切破坏层面。

（2）心墙反滤层未按设计标准要求进行人工加工，在坝高 9.0m 以上直接采用的是河床砂砾石，最大粒径限制在小于 80mm，而且不均匀系数 C_u 值大于规范要求值 $C_u<5$，实际情况 C_u 高达 40。

（3）大坝建成后心墙钻孔注水检查结果，在高程 102.00m 处（高于河床约 28m）出现漏水问题，钻孔摄影结果显示心墙中存在裂缝。

大坝安全论证工作主要是搞清楚极薄心墙坝的渗流控制能力及安全可靠度，具体内容：①高含水率填筑的低密度防渗心墙的抗渗强度；②薄心墙出现裂缝后，抵抗渗透破坏的能力；③心墙下游面天然砂砾石反滤层的颗粒组成及渗流控制作用，能否保证心墙裂缝自愈。

为此，作者主要工作内容一是现场开挖两个探井，直接观察心墙质量及防渗能力；二是开展了室内模拟试验。通过探井开挖检查，结合室内各种条件下的模型试验，两者共同论证结果表明，虽然心墙土料在高含水率下填筑时可能达到的填筑密度偏低，土体在压实过程中，为了达到压实标准，因超压密造成的剪切破坏严重，建成多年，压实时产生的光滑剪切面依然存在，开挖出的土体可以从剪切面分成土块。施工资料分析结果表明，心墙下游面的天然砂砾石反滤层中，小于 5mm 的颗粒含量大于 30％，室内各类试验结果表明是心墙很好的反滤层。尽管心墙很薄，承受的水力比降很大，填筑密度偏低，仍然可以防止心墙裂缝冲蚀，保证裂缝自愈。若在蓄水过程中，薄心墙产生水力劈裂裂缝，在反滤层的保护下裂缝可以自愈，能够保证心墙安全运行。最后建议，大坝可按原设计标准投入运行。1985 年开始投入正常运行，并经过 1995 年的特大洪水考验，至今运行 20 余年，运行正常。表明极薄心墙坝在反滤层保护下有足够的抗渗强度，仍然可以正常安全运行。今后防渗心墙的设计可按有反滤层保护的条件设计心墙厚度，为以后高土石坝薄心墙的设计提供了范例。图 3.9 为大坝剖面图。

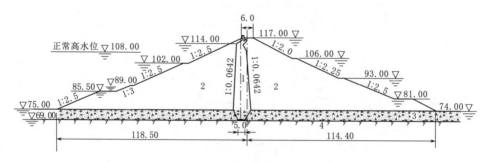

图 3.9　辽宁柴河大坝剖面图（单位：m）

1—黏土心墙；2—砂砾料坝壳；3—坝基砂砾层；4—基岩

反滤层的特征粒径列于表 3.1。

表 3.1　　　　　　　　　　柴河大坝心墙反滤层的特征粒径

粒径	d_{max}	d_{70}	d_{60}	d_{20}	d_{10}	C_u
％	80	20	12	0.5	0.25	48

工程实例三　反滤层促成了一座高土石薄心墙堆石坝心墙的优化设计

墨西哥 1963 年建成的英菲尔尼罗坝，是世界上首座薄心墙高土石坝，大坝高 148m，心墙边坡坡比仅 1：0.0887，虽然心墙两侧边坡坡度大于我国的柴河大坝，但底宽只有 36m，也是一座薄土质心墙坝，心墙的平均水力比降高达 5.0，名列世界高土石坝之最，大坝剖面见图 3.10。土料属于黏性砾质土，砂砾含量达 20％～30％，首次突破了以往采用纯黏土作为防渗体材料的常规。大坝坝壳为堆石体，反滤层采用河床天然砂砾石，最大粒径 6mm，$D_{20} = 0.4$mm，不均匀系数 6.0，$D_{15}/d_{85} < 1.0$，反滤层较细。心墙及反滤料的颗粒组成绘于图

3.11。多年的运行情况表明，心墙渗流控制的性状良好，大坝一直正常运行，为高土石坝心墙的设计提供了新的范例。这一工程实例表明，心墙厚度的设计不再单纯依靠防渗土料的防渗性能，良好的反滤层可以防止心墙颗粒的流失，保证薄心墙的安全运行。心墙厚度的设计依据除土料的防渗性能反滤层的设计外，主要决定于施工条件及能否保证工程施工的质量，这一概念不断被深化，而且上述室内模拟试验资料及工程实例充分说明反滤层在土石坝防渗体渗流控制中的重要地位，促进了高土石坝的迅速发展。大坝的有关详细资料见第 7 章 7.5 部分的内容。

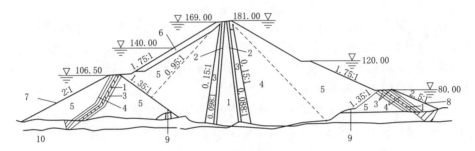

图 3.10　英菲尔尼罗心墙堆石坝断面

1—心墙；2—反滤层；3—过渡段；4—堆石（压实）；5—堆石；6—护坡；

7—上游围堰；8—下游围堰；9—混凝土桩；10—基岩

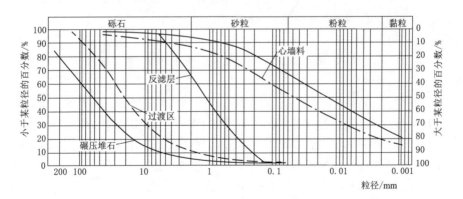

图 3.11　英菲尔尼罗坝土料颗粒级配曲线

第4章 反滤层设计准则发展现状

4.1 反滤层在土石坝渗流控制中的作用开始展现

反滤层诞生已有近百年的历史，对渗流控制作用的认识仍在不断深化，20世纪40年代后期才进入土石坝的渗流控制范畴，发展速度缓慢。70年代美国建成的堤堂坝，坝高126m，仍然是一座以防渗为主的渗流控制理念下建设的厚心墙坝，心墙可能出现的平均水力比降并不大，$J<0.5$，远小于土体本身的允许水力比降，仍然溃决。水库蓄水后从发现右坝头开始出现渗流到溃决，历时仅5h。土石坝专家中，只有谢拉德明确地提出，溃坝原因主要是未考虑采用反滤层进行渗流控制。

土石坝的渗流控制以防渗为主的理念源远流长，以过去的理念，黏性土料是很好的防渗土料，不仅渗透系数很小，而且破坏水力比降很大，同时可以解决渗透破坏问题。因此，1969年开始兴建的碧口土石坝，坝高101m，是一座壤土心墙土石坝，心墙设计初期，一度取消了反滤层，大坝一直填筑超过30m的高度，经过一番争论，才增设了反滤层，并在未设反滤层的心墙中，补设了一道混凝土防渗墙，然后继续填筑上部心墙土料，结果却使大坝断面显得特殊。

从20世纪80年代以后，反滤层在渗流控制中的作用显现。2009年建成的瀑布沟多级配砾质细粒土心墙堆石坝，坝高186m，是当时国内最高的一座土石坝。大坝设计初期，心墙土料的选用问题成为当时大坝设计中的关键技术问题。坝址附近有丰富的多级配砾质细粒土，可作心墙防渗土料，但不符合传统设计概念，不属黏土类土，黏粒含量不到5%，破坏水力比降偏低，有些专家不相信反滤层的作用，极力反对用作心墙土料，要求一定要掺入10%的黏土颗粒，使施工工艺复杂化。作者经过大量的反滤试验，阐明了坝址附近的多级配砾质细粒土，抗渗强度虽然不及黏性土料，少部分土料还属管涌性土，但在合格的反滤层保护下，可以承受50以上的水力比降，而且有较强的裂缝自愈能力，是兴建高土石坝的很好防渗材料，研究结果被设计者采用，终于解决了设计的难题，大胆地启用了这种土料，为高土石坝防渗土料选择树立了新的样板。揭示了管涌型砾质细粒土在反滤层的保护下，同样可以用作高土石坝的防渗土料，在世界坝工史上创造了先例，解除了一些资深专家的后顾之忧。

截至 20 世纪，世界坝工界对反滤层在土石坝渗流控制中的作用得到普遍重视，每介绍一座土石坝工程，必有反滤层的设计一节，并完整地绘有防渗土料及反滤层的颗粒级配曲线，以及设计方法的介绍。

4.2 土石坝反滤层设计准则的认识深化

太沙基反滤层设计准则的精华，是既阻止了被保护土颗粒的流失又能排水，可以释放被保护土中的渗透水压力，解除了对渗流的后顾之忧，反滤层控制渗流的数学模型概念简单明了。开始控制被保护土渗透稳定的颗粒粒径选用 d_{85}，即只控制土中 15% 的最大粒径就可以保证土体的渗透稳定性。决定反滤层孔隙直径的颗粒粒径等效粒径选用 D_{15}，表明了决定土体中孔隙大小的土颗粒是细颗粒。太沙基反滤层设计概念明确，优于其他一些学者采用的被保护土的控制粒径为 d_{50}，反滤层的等效粒径也选 d_{50} 的概念。但因太沙基反滤层设计准则的研究始于均匀无黏性土，所以控制粒径选用 d_{85}。本书第 2 章表明自然界中土类繁多，为适应各种类型的土料，太沙基反滤层设计准则在土料特征粒径的选择方面不断深化，作者根据太沙基的建议，在本书中将土的特征粒径也由原始的 d_{85}、d_{15} 修改为 d_{70} 和 d_{20}，以表示太沙基的建议是正确的。以下工程实例充分表明了反滤层准则的不断深化。

工程实例一：河北省岳城水库缺乏中间粒径砂砾石地基的反滤层设计

岳城水库大坝是一座均质土坝，坝高 55.5m，水库库容 13.0 亿 m^3，是一座大（1）型水库，建于 20m 厚的砂砾石地基上，下游坝脚设有反滤排水体。大坝兴建于 20 世纪 50 年代末期。坝基砂砾石的特点，颗粒组成的不均匀系数大于 350，颗粒粒径 $d_{85} > 100mm$，是一种典型的缺乏中间粒径的砂砾石土，缺乏 1.0~5.0mm 的中间粒径，根本无法直接使用土中的 d_{85} 粒径作为渗流控制粒径。当时在反滤排水体的设计中遇到了难题，大坝设计单位委托中国水利水电科学研究院岩土所进行了试验研究，以解决坝基反滤排水体设计中的难题。作者通过室内外的大量试验，最后放弃了保护地基土中 d_{85} 的原则，而是根据土的渗透破坏特性采取了保护其中细粒部分的方法，并根据当地砂砾石料场可选用料的情况，选择了天然砂砾石作为保护地基土的第一层反滤料。

由于设计的第一层反滤层较细，排水能力较差，在有些坝段可能会出现反滤层的排水能力不足的问题，使第一层反滤层有可能承担部分坝基出逸水力比降，因而另设了第二层反滤层。地基砂砾石层及两层反滤层的颗粒级配曲线绘于图 4.1。

通过岳城水库大坝地基排水反滤层的试验过程，作者发现了两个问题，一是砂砾石土料的渗透稳定特性问题需要进一步研究，过去依斯托美娜的研究结果显示无黏性土的不均匀系数 $C_u>20$ 就属管涌型土的理论是不全面的。二是太沙基反滤层设计准则需要发展，需要深化。以固定的 d_{85} 作为被保护土的控制粒径是不适应自然界类型繁多的各类不均匀无黏性土，现有的各类反滤层设计方法，也无法用来设计这类缺乏中间粒径砂砾石的反滤层，反滤层的设计应考虑土的渗透稳定特性，从此，我国在反滤层的设计中开始考虑被保护土的渗透稳定性。

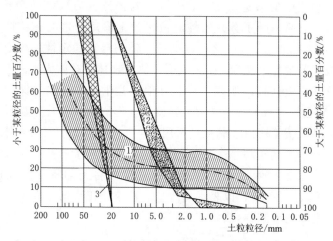

图 4.1　岳城水库大坝地基及排水反滤层的颗粒组成曲线

1—地基土；2—第一层反滤；3—第二层反滤

工程实例二：土石坝的反滤层设计应考虑心墙水力劈裂问题

英国 1961—1965 年建成的巴德黑德土石坝，坝高 48m，是一座垂直心墙坝。心墙下部的坡比为 6∶1，上部高度 20m 为垂直心墙。心墙土料上包线为砾石砂质黏土，下包线为砾石质细粒土，属管涌型土，最大粒径 30～80mm，其颗粒组成见图 4.2。大坝坝壳为页岩碎石料，是以心墙土料中粒径小于 25.4mm 的部分设计反滤层，控制粒径选用 d_{85}，反滤料的等效粒径选用 D_{15}，二者比值为 3～6。基本满足太沙基反滤层设计准则 $D_{15}/d_{85}\leqslant4$ 的要求。

1964 年水库开始缓慢蓄水，直至 1965 年秋天，坝后渗流量仅为 10L/s，1966 年 1 月，当库水位达到最高水位 332.30m，渗流量开始明显增大。2 月底渗流量增加到 35L/s 左右，8 月，渗流量进一步增大，直到 12 月底渗流量增大到 55L/s 的最大值，以后波动于 30～55L/s。

经过近一年的高水位运行，1967 年 1 月底，在坝顶的下游边缘处发现了一个小的塌坑，4月初又在坝顶上游边缘与下游塌坑相对应的位置发生了一个较大的塌坑，直径3m，深度达2.5m。

在1月底发现坝顶塌坑前，坝后渗流就已出现浑水。心墙土料一部分是多级配砾质细粒土，属管涌型土，渗透破坏类型属管涌型。由于心墙下游面反滤层过粗，心墙土料产生接触管涌破坏，因而经过长达4个多月的渗流破坏，未造成溃坝事故。随后将水库水位降低约9m后，坝后渗流立即由45L/s降至早期的10L/s。最后勘查结果显示，心墙遭到了渗透破坏，渗流破坏段在坝顶以下21m深度范围内。图4.3中绘有巴德黑德坝心墙渗透破坏的估计范围。

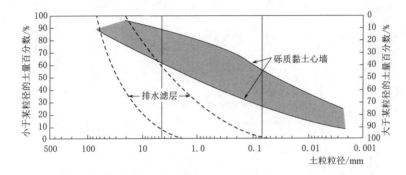

图4.2 巴德黑德土石坝心墙和心墙后反滤层的颗粒组成分布图

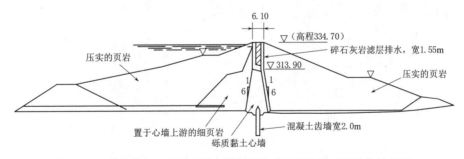

图4.3 巴德黑德土石坝剖面图（阴影部分为心墙渗流破坏的估计范围）

上述渗流破坏工程实例引起了世界坝工界的普遍关注，并得出两点经验教训：一是薄心墙土石坝在首次高水位运行时，心墙容易产生水力劈裂造成渗流破坏；二是反滤层设计准则尚需深化，心墙土料反滤层设计应考虑水库蓄水初期的水力劈裂问题，从此开展了黏性土心墙裂缝反滤层的研究。

工程实例三：反滤层的设计应考虑被保护土的管涌破坏问题

美国华盛顿州的尼山土石坝，1941年开工，1948年竣工，坝高130m，是当时世界上最高的土石坝。心墙土料为砂砾石与冰渍土的拌和材料，小于0.075mm 的颗粒含量为 6%，不均匀系数 $C_u = 100$，是属砂质无黏性土。尼山土石坝心墙下游设有反滤层，土石坝断面心墙土料及反滤层的颗粒级配曲线见图 4.4 及图 4.5。

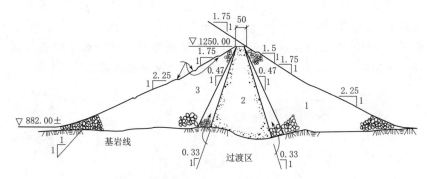

图 4.4　尼山土石坝剖面图（单位：m）
1—上游坝壳，抛填堆石；2—碾压土心墙；3—下游坝壳，抛填堆石

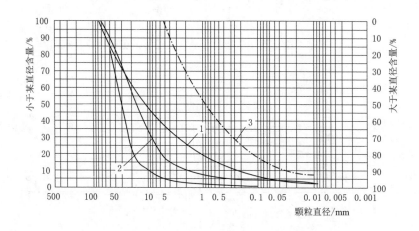

图 4.5　尼山土石坝心墙土料及反滤层的颗粒级配曲线
1—心墙土料；2—反滤料；3—心墙土料中粒径<5mm 的部分

尼山土石坝运行 30 多年后直到 1982 年，发现心墙内渗压计水位与水库水位同步升降，随即在心墙中勘探。结果表明，河床部位的心墙上部土的孔隙增大，心墙遭到管涌渗透破坏，小于 5mm 的颗粒严重流失。有些地方只剩砾石，多处土质松软。为保证大坝安全运行，在心墙中另设置一道混凝土防渗墙，一直伸到基岩，于 1990 年竣工，是一座典型的心墙接触管涌破坏的工程实例，同时表明有保护地接触管涌渗透破坏只能造成渗透破坏，不一定会造成溃坝事故，同

时证明了心墙坝的优越性。

若按照中国《碾压式土石坝设计规范》（DL/T 5395—2007）中介绍的谢拉德反滤层设计方法，对尼山土石坝反滤层的设计进行校核。由图 4.5 可知，心墙土料中直径小于 5mm 部分的颗粒组成中直径小于 0.075mm 的细颗粒仅占 16%，应按式（4.1）选择反滤层。

$$D_{15} \leqslant 0.7\text{mm} + 0.04(40 - P)(4d_{85} - 0.7\text{mm}) \tag{4.1}$$

式（4.1）中 P 为直径小于 0.075mm 的颗粒含量。因心墙土料中含有大量的砂卵石，故按土中直径小于 5mm 的细粒部分确定反滤层的特征粒径。直径小于 5mm 的细粒部分的颗粒组成绘于图 4.5 中。图 4.5 中表明，土中直径小于 5mm 部分的 $d_{85} = 3.3\text{mm}$，$d < 0.075\text{mm}$ 颗粒含量 $P = 16\%$，按式（4.1）计算结果，$D_{15} \leqslant 12.7\text{mm}$。大坝反滤层的实际值 $D_{15} = 3.5 \sim 15\text{mm}$，表明大坝实际的反滤层的组成基本满足谢拉德规范要求，但却遭到渗透破坏。

按照作者的判别准则，该类土属管涌型土。因为粗细颗粒的区分粒径，

$$d_q = \sqrt{d_{70}d_{10}} = \sqrt{28 \times 0.19} = 2.30\text{mm}。$$

从图 4.5 可知，土的细粒含量为 29%，小于 30%，属于管涌型土。这一结果表明，对管涌型土如何设计反滤层是需要进一步研究的问题。

上述三个工程实例表明，水工建筑物的反滤层设计需要不断的更新和发展，同时表明，两座土石坝遭到了渗透破坏，但未导致发生溃决事故，分析原因主要是土的破坏型式为管涌型，反滤层阻止了心墙土中骨架的流失，保证了心墙的整体稳定性。心墙只有管涌渗透破坏，而未溃决，仍然应归功于反滤层的保护作用。反滤层过粗，放走了心墙土料中的细颗粒，但保证了其中骨架的稳定性，因而使防渗心墙能带病继续工作。上述工程实例表明，为保证防渗体功能的完整性，对于无黏性均匀土，反滤层的设计应着眼于保护整个土料的颗粒不流失，但对于自然界不均匀的各种类型的土，选用土骨架粒径 d_{85} 作为控制粒径设计反滤层是不安全的，它只能保证土骨架的渗透稳定性，不能保证细颗粒不渗透破坏，表明反滤层设计中被保护土的控制粒径应随土的渗透稳定性而变化，反滤层的设计方法应考虑被保护土的渗透稳定性。

反滤层在土石坝中的渗流控制作用，不仅仅是滤土排水提高被保护土的破坏水力比降，对于砾石细粒土及黏性土，如果产生裂缝，在反滤层的保护下，裂缝还可以自愈，心墙中存在的软弱土层可以渗透压密。过去看到坝体出现渗流，就被列为病险水库，而现在的认识有了很大的变化，在渗流出口若有合格的反滤层做保护，大坝出现渗流仍然是安全的，判别渗透稳定的方法是观察出现的渗流量是否随时间在变化，而不是观察是否有渗流出现，表明了对反滤层在渗流控制中的作用的认识在不断深化。

4.3　土石坝反滤层设计方法呈现多元化

反滤层的使用始于 20 世纪 50 年代，至今土石坝反滤层设计方法发展到达三四十种之多，在水工建筑物中得到广泛使用。按照鲁巴契柯夫的观点，现代反滤层的设计方法可分为三种类型，第一种方法是单点法，即被保护土的控制粒径只选用一种粒径，以太沙基方法为典型，被保护土的控制粒径只选用 d_{85} 一种粒径。第二种方法为两点法，被保护土的控制粒径选用了两种粒径，以美国水运试验站法为代表，同时选用 d_{85} 及 d_{50} 两种粒径用来控制被保护土的渗透稳定性。第三种方法是多点法，即被保护土的控制粒径随土的渗透稳定特性而变化，以中国水科院岩土工程研究所方法为代表。

虽然反滤层的设计方法有 30～40 种之多，但各种反滤层设计方法都是遵循太沙基滤土排水的基本原理，主要区别产生于太沙基的数学模型中被保护土的控制粒径及反滤层等效粒径如何选用问题。现有各种设计方法中被保护土控制粒径出现的概率，变化于 $d_{85}～d_{15}$，有 d_{85}、d_{70}、d_{50} 及 d_{15}。反滤层的等效粒径出现的概率有 D_{50}、D_{20}、D_{17} 及 D_{15} 之多。由于各个研究者选用了不同的控制粒径及等效粒径，因而出现了不同的反滤层设计方法。

当前，具有一定代表性的几种反滤层设计方法如下。

1. 经典的方法——太沙基反滤层设计准则

太沙基反滤层设计准则起源于均匀无黏性土反滤层的设计。

滤土方面：

$$D_{15}/d_{85} \leqslant 4 \tag{4.2}$$

排水方面：

$$D_{15}/d_{15} \geqslant 4 \tag{4.3}$$

式中　D_{15}——反滤料的孔隙直径，称等效粒径；

　　　d_{85}——被保护土中能控制渗透破坏的粒径，称控制粒径。

2. G.E. 贝契母法

1940 年，贝契母首次通过均匀细砂的反滤层试验，试验不仅论证了太沙基反滤层设计准则结构的正确性，而且阐明了其具有足够的安全性，并建议滤土准则应提高为

$$\frac{D_{15}}{d_{85}} \leqslant 6 \tag{4.4}$$

3. 美国水道试验站法

20 世纪 50 年代初，水道试验站进行了由细到粗的均匀砂反滤层试验，用天然砾石作反滤料，渗流方向由上向下，根据试验结果，提出滤土的要求：

$$D_{15}/d_{85} \leqslant 5 \qquad\qquad (4.5)$$

$$D_{50}/d_{50} \leqslant 25 \qquad\qquad (4.6)$$

$$D_{15}/d_{15} \leqslant 20 \qquad\qquad (4.7)$$

式中 D_{50} 和 d_{50}——反滤层及被保护土的中值粒径,即小于该粒径土的质量分别占各种土料的 50%。

除以上三条要求以外,还另有两条要求:①反滤料与被保护土的颗粒组成曲线要相互平行;②反滤料要有良好的颗粒级配。

4. 美国垦务局方法

该方法实际上是卡波夫(K. P. Karpoff)1955 年的试验研究成果,试验用的被保护土料是人工混合的各类砂及砂砾料,被保护土料的特点有均匀土,也有不均匀土,不均匀系数 C_u 变化于 1.3～28,范围变化较大,超过了以前各家试验土料的范围。反滤料为人工加工的均匀料,试验的渗流方向由上向下。由于试验土料采用了不均匀土,土的控制粒径采用 d_{85} 是不安全的,故将控制粒径改为 D_{50}。根据试验结果,提出了以下的滤土准则:

被保护土为均匀砂时:

$$5 < \frac{D_{50}}{d_{50}} < 10 \qquad\qquad (4.8)$$

被保护土为不均匀的砂砾料时:

$$12 < \frac{D_{50}}{d_{50}} < 58 \qquad\qquad (4.9)$$

$$12 < \frac{D_{15}}{d_{15}} < 40 \qquad\qquad (4.10)$$

除以上要求外,还另有三条要求:①反滤料的最大粒径 D_{max}<76.3mm,小于 0.075 的颗粒含量小于 5%;②反滤料与被保护土颗粒组成的细粒部分应当相互平行;③反滤层适用于被保护土的最大粒径 d_{max}<5mm。该方法首次表明,应将不均匀土的控制粒径由 d_{85} 改为 d_{50}。

5. 谢拉德(T. L. Sherard)方法

20 世纪 80 年代,在已有工程实践经验的基础上,谢拉德进行了土石坝反滤层的试验研究。他首先研究了反滤层设计中采用的基本粒径、等效粒径及控制粒径的选择问题,并对以前的方法作出了评价,共发表了三篇论文。第一篇论文主要论述了反滤层等效粒径的选用问题。研究方法是从土的渗透系数的试验及计算结果来分析无黏性均匀土的等效粒径。采用的是比较的方法,以土中的 d_{10}、d_{15}、d_{20} 及 d_{25} 作为土的孔隙直径的等效粒径,并计算土的渗透系数。计算结果表明,三种等效粒径计算结果与试验确定的渗透系数相互之间的关系都是固定值,如果以 d_{25} 或更大的粒径作为等效粒径,计算结果确定的土的渗透系数与试验结果之间的关系不固定，土的不均匀系数越大，相互之间的关系系数越差。故谢拉德反对以大于 D_{25} 的粒径作为等效粒径，考虑到历史现状，决定维持现状，土的等效粒径仍采用 D_{15}，并作为反滤料的等效粒径，并对美国垦务局及水道试验站以前在反滤层设计方法中以 D_{50}/d_{50} 和 D_{15}/d_{15} 作为反滤层设计准则提出不同意见，认为是没有可靠的理论与实践的依据，应予废弃。

谢拉德的第二、第三篇论文主要论述了反滤层的设计准则，其特点是将反滤层的设计方法扩大到黏土类土。两篇论文的试验土料基本相同，不同之处是试验方法。前者将被保护土制成泥浆状进行反滤试验，后者则是将被保护土制成原始状态。而在土样中，制有 ϕ1mm 的孔洞，两种试验方法的渗流方向都垂直向下。

第一次试验根据土中 $d<0.075$mm 的含量 P，将试验土料分为四类，分别为

$$P>85\%,\ D_{15}\leqslant 9d_{85} \tag{4.11}$$

$$P=40\%\sim 85\%,\ D_{15}=0.7\text{mm} \tag{4.12}$$

$$P=15\%\sim 39\%,\ D_{15}=0.7+\frac{1}{25}(40-P)(4d_{85}-0.7\text{mm}) \tag{4.13}$$

$$P<15\% \text{ 的无黏性土},\ D_{15}\leqslant 4d_{85} \tag{4.14}$$

第二次试验结果：

$$P>85\%,\ D_{15}=(7\sim 12)d_{85}（平均值 9d_{85}） \tag{4.15}$$

$$P=40\%\sim 85\%,\ D_{15}=0.7\sim 1.5\text{mm} \tag{4.16}$$

$$P=15\%\sim 39\%,\ D_{15}=0.7\sim 1.5\text{mm 或 } D_{15}=(7\sim 10)d_{85} \tag{4.17}$$

$$P<15\% \text{ 的无黏性土},\ D_{15}=(7\sim 10)d_{85} \tag{4.18}$$

式中 D_{15}、d_{85}——被保护土及反滤层的特性粒径；

　　　P——土中粒径 $d<0.075$mm 的颗粒含量。

谢拉德的方法，首次扩大了太沙基反滤层设计准则的使用范围，使其不仅可以适用于粗粒土，而且可以适用于细粒土，并以 0.075mm 的颗粒将自然界中的各类土分类为细粒土和粗粒土，如表 4.1 所示。另一特点，控制被保护土中无黏性土渗透稳定特性的控制粒径仍以全体颗粒组成曲线中的粒径 d_{85} 为代表粒径。

表 4.1　　　　　　　　　　　　被 保 护 土 的 分 类

类别	<0.075mm 颗粒含量/%	名　称
1	>85	细粉土、黏土
2	40~85	粉土、黏土、粉土质砂、黏土质砂
3	15~39	粉土质砂、黏土质砂、砾
4	<15	砂、砂砾石

6. 美国垦务局更新后的设计标准

美国垦务局在 20 世纪 80 年代末期重新制定了反滤层设计准则，废除了 50 年代提出的设计标准，并采用了谢拉德提出的概念和准则，同时对谢拉德方法提出了一条补充规定，修正了谢拉德方法的不足之处。方法建议，当被保护土为无黏性土砂和砂砾石，而且 $d_{85} > 4.75\text{mm}$，即大于 5mm 时，则从全体颗粒组成中提出颗粒粒径小于 5mm 部分重新绘制颗粒组成曲线，以新绘制的曲线中粒径小于 5mm 的细粒部分的颗粒组成曲线为基础确定被保护土的控制粒径 d_{85}，并规定若按此要求确定的反滤层的等效粒径 $D_{15} < 0.2\text{mm}$，则取 $D_{15} = 0.2\text{mm}$。这一规定实质上是扩大了谢拉德方法中第 4 条的使用范围，也就是扩大了太沙基设计准则可用于整个无黏性土反滤层的范围，即式（4.13）和式（4.17）可以扩大运用到 $d_{85} > 5\text{mm}$ 的各种类型的砂和砂砾石被保护土，弥补了谢拉德方法在被保护土为不均匀的砂砾石土料的反滤层设计中的不足。可以看出这一补充条例实际上反映了反滤层的设计准则，不均匀土应考虑保护土中细颗粒的渗透稳定问题。

7. 莱夫勒（J. Laflerde）法

作者认为莱夫勒的试验研究结果在西方国家中具有一定新的建树，他研究的主要对象是各类不均匀无黏性土的反滤层设计方法，即不均匀系数 $C_u \geqslant 20$ 的无黏性土。他将不均匀无黏性土分为三大类：第一类是颗粒级配曲线向上拱起呈连续型的土；第二类是颗粒级配不连续，缺乏中间粒径的土；第三类是土颗粒级配是连续的，但内部结构是不稳定的，即颗粒级配曲线呈严重的下洼形土，细颗粒填不满粗料孔隙。三类土代表性的颗粒组成曲线如图 4.6 所示，实际上是图 2.1 中三条不均匀土的颗粒组成曲线。该方法的特点是，表达反滤层滤土准则的数学模型仍为太沙基模型，但发展了太沙基反滤层设计准则。与太沙基方法的区别之处是被保护土的控制粒径不再继续沿用固定的 d_{85}，而是随被保护土的渗透稳定性而变化。这一概念与中国水利水电科学研究院 20 世纪 80 年代初期提出的反滤层设计方法的原理基本相同。其反滤层的滤土准则为

$$D_{15}/d_k < 4$$

式中　d_k——被保护土的控制粒径，其确定原则为：

$C_u \leqslant 20$ 的土：

$$d_k = d_{85} \tag{4.19}$$

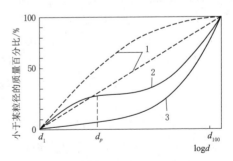

图 4.6　莱夫勒对无黏性不均匀土颗粒组成曲线的分类

1—连续级配；2—不连续级配；
3—内部结构不稳定型

$C_u > 20$ 的土：

$d_k = d_{50}$　　级配连续型土　　　　　　　　　　　　　　　　　　　　　(4.20)

$d_k = d_p$　　级配不连续型土　　　　　　　　　　　　　　　　　　　　　(4.21)

$d_k = d_{20}$　　级配连续内部结构不稳定型土的控制粒径　　　　　　　　(4.22)

式中　d_p——颗粒级配曲线不连续型土中细粒部分的颗粒含量，如图 4.6 所示。

　　莱夫勒法对太沙基方法是有一定的发展，使太沙基反滤层设计准则不仅适用于均匀的无黏性土，而且适用于不均匀系数 $C_u \geqslant 20$ 的各类无黏性土。仔细分析，莱夫勒实际上是初步考虑了无黏性土的渗透稳定特性，被保护土的控制粒径 d_k 的确定实际上是考虑了土的渗透破坏特性，比谢拉德关于无黏性土反滤层设计方法又前进了一大步。

　　8. B. C. 依斯托美娜法

　　依斯托美娜法在苏联是很有影响的方法，20 世纪 50 年代在国内广为流行。该方法的特点是首先研究了确定无黏性土孔隙直径的主要因素及确定方法，同时研究了无黏性土的渗透稳定性，为确定被保护土控制粒径的方法开拓了思路。由于她在确定无黏性土孔隙直径与土体特性粒径的关系时，土的等效粒径首先选用了中值粒径即 D_{50}，然后确定与土的孔隙直径的关系。正如谢拉德所述，土中的 D_{50} 粒径不能直接反映孔隙直径的大小，因而在确定孔隙直径的关系式中引入了与土的不均匀系数的关系，结果使确定无黏性土孔隙直径的表达式复杂化，变为

$$D_{(o)} = f(C_u) D_{50} \tag{4.23}$$

导致无黏性土反滤层的设计准则复杂化，变为

$$D_{50} / d_{50} \leqslant f(C_{u\Phi}) \tag{4.24}$$

式中　$C_{u\Phi}$——反滤料的不均匀系数。

　　因为依斯托美娜研究无黏性土渗透稳定性的结果，结论是土的不均匀系数 $C_u \leqslant 10$ 时为内部结构稳定的土，$C_u > 20$ 时为内部结构不稳定的土，即管涌土，因而式（4.24）只适合用于 $C_u \leqslant 10$ 的无黏性土。当无黏性土的不均匀系数 $C_u > 10$ 时，应按土体中 $C_u = 10$ 的细粒部分设计反滤层，即被保护土的控制粒径选用土体中 $C_u = 10$ 的细粒部分的颗粒级配曲线上的 $d_{50\text{细}}$ 作为被保护土的控制粒径。

　　依斯托美娜在反滤层设计方法中的贡献是将土的渗透稳定性的研究与反滤层设计准则的研究相结合，首次提出了反滤层设计中确定被保护土的控制粒径时，应考虑土的渗透稳定特性。当被保护土为内部结构不稳定的管涌土时，应以被保护土中 $C_u = 10$ 的细粒确定它的控制粒径，反映了自然界中不均匀无黏性土的反滤层设计方法，应考虑保护细粒的原则。最大的不足之处是以土中的中值粒径 D_{50} 作为土的等效粒径，致使确定土体孔隙直径的表达式多因素化，同

时使反滤层的设计方法复杂化。

9. 俄国水工科学研究院法

俄国水工科学研究院法反映了俄国另一学术界的观点，无黏性土的滤土准则为

$$D_{17}/d_k \leqslant \frac{4}{6\sqrt{C_{u\Phi}}} \frac{1-n_\Phi}{n_\Phi} \qquad (4.25)$$

式中　　D_{17}——反滤层的等效粒径，即小于该粒径的土重占总土重的 17%；

　　　　$C_{u\Phi}$——反滤料的不均匀系数，以小数计；

　　　　n_Φ——反滤料的孔隙率，以小数计；

　　　　d_k——被保护土的控制粒径。

一般情况下，反滤层都是选用比较均匀的无黏性土，即 $C_u <$ 40，$n_\Phi = 0.25 \sim 0.35$。

故层间系数可简化为

$$D_{17}/d_k \leqslant 6$$

对于 $C_u \leqslant 6$ 的均匀无黏性土，$d_k = d_{70}$，则：

$$D_{17}/d_{70} \leqslant 9 \qquad (4.26)$$

该方法的特点是将无黏性土按照渗透稳定特征分为管涌土和非管涌土两大类。非管涌被保护土的控制粒径的确定，对于 $C_u < 6$ 的被保护土，直接取 $d_k = d_{70}$。当被保护土的 $C_u \geqslant 6$ 时，d_k 值按土中 $C_u = 6$ 的细粒部分确定，即取 $C_u = 6$ 的细颗粒的组成曲线中的 d_{70} 为控制粒径。为便于设计者的工作，将非管涌被保护土的控制粒径 d_k 的取值绘成图 4.7。

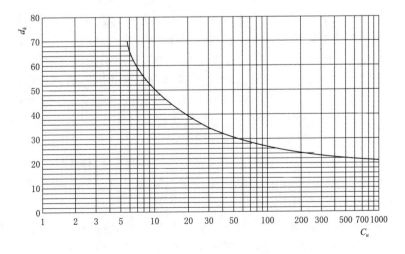

图 4.7　无黏性不均匀非管涌型土控制粒径 d_k 与不均匀系数 C_u 的关系

对于管涌型土，首先确定被渗流带出颗粒的大小，以其被带出颗粒的大小确定被保护土的控制粒径。

按式（4.27）确定被保护土是否属于非管涌土：

$$\frac{d_3}{d_{17}} \geqslant 0.32 \sqrt[6]{C_u}\,(1+0.05C_u)\,\frac{n}{1-n} \tag{4.27}$$

如果是非管涌土，即 $d_{ci}<d_{3-5}$，则被保护土的控制粒径按图 4.7 确定，如果是管涌土，则 $d_k=(3\sim8)\,d_{3-5}$。

俄国水土科学研究院法的主要特点是对反滤层设计方法有了较大的发展，第一是被保护土的控制粒径由 d_{85} 改为 d_{70}，表明了土骨架的代表性粒径为 d_{70}，而且同样采用了保护细粒土料的原理。第二是对于不均匀无黏性土控制粒径也采用了保护细粒的原理，即以不均匀系数 $C_u=6$ 的细粒部分中的 d_{70} 作为控制粒径，因而出现了控制粒径随土的不均匀系数变化的特征。第三是根据 1932 年扎乌叶布列研究无黏性土渗透系数与土体颗粒粒径的关系，认为反滤料的等效粒径采用 d_{17} 更能反映与无黏性土渗透系数的关系，并给出了渗透系数的计算式。该文中等效粒径用 D_{17} 粒径，改善了一些公式中以 D_{50} 作为等效粒径时出现的问题，也优于太沙基反滤层设计准则中的 d_{15}。更重要的一个特点，明确地提出了无黏性土的反滤层设计应考虑土的渗透破坏特性，对于管涌土应从保护细颗粒 d_5 不流失的原则设计反滤层。该方法与中国水利水电科学研究院岩土工程研究所 20 世纪 80 年代初期发表的反滤层设计方法在有些方面相类似。

上述介绍的各种反滤层方法，反映了半个多世纪以来有关无黏性土反滤层设计方法的不断进步，以及在太沙基反滤层设计准则基础上的长足发展。由太沙基方法只适用于均匀无黏性土发展到各类不均匀土，包括多级配砾质细粒土及黏性土，并由内部结构稳定的土发展到内部结构不稳定的土。更重要的是将反滤层的功能由滤土排水的理念，从保护无黏性土的渗透破坏问题，拓展到防止黏性土产生裂缝时的渗透破坏，并能起到保证裂缝内淤积土的渗透压密作用。当今反滤层已成为整个土工建筑物渗流控制中的关键性工程措施，它也是土石坝排水体的主要组成部分之一。反滤层的运用既提高了整个土工建筑物的渗流控制能力，又保证了土工建筑物安全可靠的运行，因而从 20 世纪 60 年代以后，在高土石坝中得以大力发展。

从各种方法的介绍可以看出，太沙基反滤层设计准则是各种现有方法的奠基石，他的数学模型指明了土的颗粒组成可以直接反映土的渗透及渗透稳定特性。反滤层设计方法表明土的颗粒组成中有两个代表性粒径，第一个是控制土的渗透稳定的粒径，控制了土中的这一代表性粒径，就可以控制整个土体的渗透稳定性。后来的反滤层研究者，实际上是在探讨寻找确定各种不同类型土中的控制粒径。第二个是决定土体孔隙直径大小的粒径，以它为代表确定土体孔隙直径，能够代表整个土体的孔隙直径。它在决定孔隙直径方面的作用与整个土体一样是等效的，因此称它为等效粒径。几十年来对反滤层设计方法的研究，简单而言，是关于自然界中存在的各种类型土中两个特征粒径，即被保护土的控制粒径和反滤层的等效粒径的研究。

多年的研究结果表明，反滤层设计中出现的等效粒径，其特点是随出现的年代变化。早期为 d_{10}，以后逐渐出现了 d_{15}、d_{17}、d_{20}、d_{50}。分析原因，随着工程建设规模的不断扩大，可用的土料范围扩大，常用的无黏性土料由均匀土不断扩大到不均匀土，随之采用的等效粒径相应变大。早期哈金以不均匀系数 $C_u < 5$ 的均匀土为研究对象，故以 d_{10} 为等效粒径。正如谢拉德所述，因为均匀土以 d_{10} 或 d_{20} 作为等效粒径，其值差别不大，作为计算土的渗透系数的关键性因子，各种方法渗透系数的计算值与试验结果差别不大，但是对于不均匀土则出现了差别。20 世纪 30 年代扎乌叶布列提出应以 d_{17} 作为计算土的渗透系数的因子，并给出了计算渗透系数的计算式。到了 70 年代，帕夫契奇又提出了修正，认为 d_{17} 作为等效粒径还不能更准确地确定自然界各类不均匀土的渗透特性。土的不均匀系数越大，计算差值越大，计算所得渗透系数较实验值偏小，因此等效粒径在 d_{17} 之前又增加了不均匀系数的因子，即采用 $\sqrt[6]{C_u} d_{17}$，实际上弥补了不均匀系数大于 20 的不均匀土选用 d_{17} 作等效粒径仍然偏小的问题。作者多年的使用结果表明，由帕夫契奇修正后的等效粒径给定的渗透系数的计算式能够适应的土料范围更加广泛，表明采用 d_{17} 仍偏小，不适宜作为不均匀系数大于 20 土的等效粒径。被保护土的控制粒径方面，对于不均匀系数 C_u 在 5~10 之间的土，趋向于保护土中细颗粒的粒径。

上述各类设计反滤层的方法中只有谢拉德的方法包括了黏性土的反滤层设计，其他学者方法中均未提到黏性土的反滤层设计问题。当前土石坝的兴建四起，不仅是黏性土，而且是多级配砾质细粒土的使用更加广泛，更需要开展防渗土料反滤层设计方法的研究。

第5章　反滤层滤土排水设计准则研究

　　随着水利工程建筑事业的蓬勃发展，人们逐渐认识到反滤层在渗流控制中的重要地位，反滤层得到广泛使用。工程实践促使反滤层的设计方法必须不断完善，以适应自然界中各种类型的土及不同类型水工建筑物渗流控制的要求，以便进一步扩大反滤层在渗流控制中的作用。反滤层的设计准则已从早期的均匀无黏性土扩大到不均匀无黏性土。随着高土石坝的大力发展，多级配砾质细粒土也广泛地用作防渗材料，出现了多级配砾质细粒土的反滤层设计问题。由于薄心墙的出现，产生了水力劈裂问题，造成了心墙的裂缝渗流破坏。工程实践表明，反滤层可以防止裂缝渗流冲刷，为工程界明确了薄心墙的反滤层应按出现裂缝的条件设计。反滤层的设计方法虽然已由均匀无黏性土扩展到不均匀无黏性土、多级配砾质细粒土及黏性土，内容广泛，形式多样，但仍需要进一步完善，以适应水利工程建设的蓬勃发展。

　　本章主要介绍中国水利水电科学研究院岩土工程研究所渗流稳定试验室多年的研究成果，这些成果已在工程中得到广泛应用，并受到了实践的检验。如黏性土的反滤层设计，20世纪60年代已用于刘家峡水电站黄土副坝心墙的反滤层设计；反滤层可以使防渗体裂缝自愈的设计方法，80年代已用于辽宁柴河水库薄心墙的安全分析中；云南101m高的鲁布革心墙堆石坝，心墙土料是全风化砾石土，按照中国水利水电科学研究院岩土工程研究所建议的方法设置了反滤层，保证了风化砾石土首次在高土石坝中得到应用；186m高的四川瀑布沟堆石坝，心墙土料是多级配砾质细粒土，渗透系数高达 8×10^{-5} cm/s，少部分土的渗透破坏型式甚至为管涌型，小于 0.005mm 颗粒含量 <5%。能否作为防渗土料，工程界争论很大，中国水科院岩土所针对上述土料进行了系统研究（如图 5.1 所示），建议了合适的反滤料，保证了该类土料在工程中的使用，树立了管涌型多级配砾质细粒土作为高土石坝防渗土料的典型；50年代末期兴建的河北岳城水库，坝基砂砾石层是一种典型的缺乏中间粒径的砂砾石，中段 1~5mm 的粒径含量共计不到 6%，最大粒径大于 200mm，太沙基反滤层设计准则根本无法用于这类土反滤层的设计。当时中国水科院岩土所在大量试验研究的基础上，采用了保护细粒的原理设计了坝基反滤层，被工程所采用，促进了无黏性土反滤层设计准则的进步与发展。

作者在反滤层设计方法的研究过程中，首先了解并全面掌握了工程中所遇到的自然界各类土的基本特性，包括自然界所有土的类型分析，各种类型土的渗透变形特性及渗透稳定性的研究。根据以上问题的调查和研究结果，在研究反滤层时将自然界的土体归纳为三大类型：第一类为无黏性土，第二类是多级配砾质细粒土，第三类是黏性土。根据渗透稳定性，无黏性土又细分为均匀土和不均匀土。不均匀土又细分为颗粒级配连续和缺乏中间粒径两种类型。根据黏土颗粒粒团在自然状态下能否分散成原级颗粒的程度，黏性土又分为一般黏性土和分散性土。一般黏性土又细分为完整型和出现裂缝型，如图 5.2 所示。

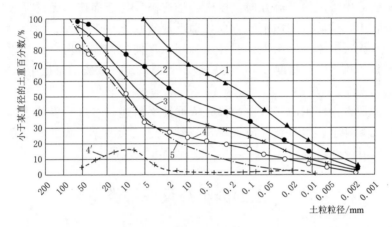

图 5.1　瀑布沟心墙多级配砾质细粒土颗粒组成曲线
1—粒径小于 5mm 部分颗粒级配曲线；2、4—多级配砾质细粒土颗粒组成外包线；3—颗粒组成平均线；
4′—曲线 4 颗粒组成的分布曲线；5—美国尼山坝颗粒组成

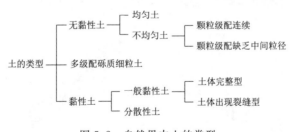

图 5.2　自然界中土的类型

图 5.2 中颗粒级配缺乏中间粒径是指无黏性不均匀土的颗粒组成曲线在中段出现一平台段，这一段至少包括两个粒径级数，如 1~2mm、2~5mm 两个粒径级数，其颗粒总含量不大于 6%，这一平台将不均匀无黏性土分为骨架和填料两个部分。

反滤层研究的主要内容，实际上仍以太沙基反滤层设计准则为基础进一步扩大研究土料的范围，考虑土的渗透破坏特性，继续研究确定各类土体中的两个代表性粒径，一个是控制土体渗透稳定的代表性粒径，称为控制粒径；另一个是等效粒径。等效粒径的概念，即按土体中的这一粒径组成的等粒径的均匀土体，确定的渗透系数与不均匀土体的渗透系数是一致的，即二者在渗透性方面是等效的，故称为等效粒径。研究结果表明，研究土料范围扩大后，土体的控制粒径，不是过去采用的某一固定粒径，而是随土体的基本特性在变化，所以书中提出的反滤层设计方法实属多点法，控制粒径不再是固定粒径，而是随土的渗透破坏特性而变化。

　　试验研究中采用的水流方向，按土的渗透破坏特性而定，无黏性土的破坏水力比降较小，试验选用向上的方向，即反滤层在土样上表面。黏性土的破坏水力比降较大，渗流方向向下，裂缝土选用水平向的渗流方向。试验中选用的渗流方向从渗流稳定的角度分析，都属最不利的情况，试验结果用于实际工程，将有更大的安全系数。

　　在反滤层设计准则的研究中，首先依据前文所述，将自然界的土体按颗粒组成分为无黏性土、多级配砾质细粒土及黏性土三大类型，如图 5.2 所示，然后分别研究其反滤层设计方法。

5.1　土的分类与反滤层类型

水工建筑物的反滤层可归纳为两种类型，如图 5.3 所示。

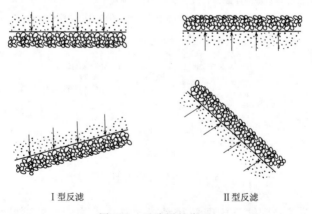

Ⅰ型反滤　　　　　　　　Ⅱ型反滤

图 5.3　反滤层的类型

　　（1）均质土坝的水平排水体和大坝斜墙后的反滤层等，反滤层位于被保护土的下部，渗流方向由上向下，属Ⅰ型反滤。

　　（2）位于坝基渗流出逸处及大坝心墙下游面的反滤层，反滤层位于被保护土的上部，渗流方向由下向上，属Ⅱ型反滤。

5.2 无黏性土反滤层滤土的基本原理

无黏性土反滤层设计的基本原理是滤土排水，滤土是反滤层首要功能，尽管有各种选择反滤层的方法，为保证滤土的作用，大都遵循以下原理，即不允许被保护土的颗粒穿越反滤层的孔隙而流失，为此滤土准则应满足式（5.1）要求

$$\frac{D_0}{d_k} \leqslant \alpha \tag{5.1}$$

式中 D_0——反滤层的孔隙平均直径；

α——层间关系系数；

d_k——与被保护土的渗透稳定性有直接关系的代表性粒径。

只要控制住被保护土中大于 d_k 的粒径不流失，整个土体将是渗透稳定的，所以称为控制粒径。它不是单纯代表某一粒径，而是某一粒径群体的代表粒径。k 表示小于该粒径群体的质量在总体中所占的百分数，可以视为出现的概率。

α 值决定于在渗流作用下被保护土进入反滤层孔隙的条件，如果以单个颗粒的形式进入反滤层的孔隙，则无成拱问题，$\alpha=1$。在开始运行阶段，在大的水力比降作用下，或是反滤层位于下层的情况，开始可能有几个颗粒同时进入反滤层。如果有 2～3 个土颗粒同时进入反滤层，而且粒径之和等于反滤层的孔隙直径，就有可能相互夹挤在反滤层门口的孔隙中，形成稳定结构，以阻止其他颗粒继续进入反滤层。这种现象称为成拱效应。如果同时进入反滤层孔隙中的颗粒数量多于 3 个颗粒，一般情况是不易相互夹挤在反滤层的孔隙中，不可能出现拱架问题，所以一般取 $\alpha \leqslant 3$，于是式（5.1）可写为

$$D_0 \leqslant (1 \sim 3)d_k \tag{5.2}$$

式（5.2）表明无黏性土反滤层的研究实质内容是研究决定土体渗透系数大小及控制土体渗透稳定性的两个特征粒径的问题。

从第 4 章可知，无黏性土的孔隙直径 D_0 可由土中某一特定颗粒的粒径来表述：

$$D_0 = A d_d \tag{5.3}$$

土的渗透系数的研究结果表明，土的渗透系数表达式可写为

$$k = B D_0^2 = C d_d^2 \tag{5.4}$$

d_d 为等效粒径，土中的哪一部分粒径对渗透系数的大小起决定作用，该部分粒径中应以其中的何种粒径为代表性粒径，是渗流研究工作者多年研究的主要内容之一，也是反滤层研究的主要内容之一。

5.2.1　无黏性土的特征粒径等效粒径

从第 3 章可知，在当前反滤层设计准则中，表示土体孔隙直径的数学模型有好几种形式，产生区别的主要原因在于确定孔隙平均直径时土体等效粒径的选取问题。土体的等效粒径在现有的反滤层的设计方法中，出现的粒径归纳起来有 D_{15}、D_{17}、D_{20} 和 D_{50} 四种粒径之多。20 世纪 80 年代，谢拉德在他的论文中明确表示，以 D_{50} 代表土体孔隙直径中的等效粒径是无根据的，作者同意这种观点。他根据研究结果认为，选用小于 D_{25} 以下的粒径作为等效粒径都是可行的，故他选用 D_{15} 作为反滤层的等效粒径。但是作者进一步研究结果表明，如果以 D_{15} 作为等效粒径，对于各种类型的土以试验求得的渗透系数为基础，确定渗透系数计算式中的常系数值，则计算式（2.4）中的常系数并不成常数值。当不均匀土中的细粒含量值在 15%～25% 时，系数的比值相互之差可达 30 倍以上，细粒含量在小于 15% 和大于 25% 的间隔以外，渗透系数的计算值与试验值的比值才呈常数的规律，在此范围之内以 D_{15} 为等效粒径，其值偏小，仍不能反映整个无黏性不均匀土的孔隙特性，不能代表细粒部分的控制粒径，上述结果表明，谢拉德以 D_{15} 为等效粒径，其值偏小。分析原因，谢拉德试验时选用的土料中不均匀系数均在 50 以下，不可能出现不均匀系数很大的缺乏中间粒径的土，没有发现细粒含量对土性质的影响。对反滤层设计而言，由于反滤层的用料相对比较均匀，等效粒径选用 D_{15}、D_{20} 对其结果影响不大，但从认识自然界中各种类型土的渗透系数特性而言，由于级配变化范围很广，选用 D_{15} 则不能反映自然界中所有无黏性土的渗流特征。如第 4 章所述，自然界的江河中，中上游河床中的砂砾石混合料的不均匀系数普遍都很大，多数都属缺乏中间粒径的砂砾石土，显然用 D_{15} 作等效粒径描述整个无黏性土体的渗透特性就不准确、不科学。

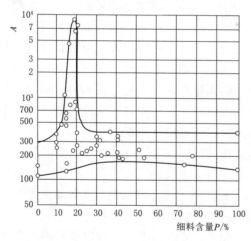

图 5.4　各类土 A 与细料含量 P 的关系

注：$A = \dfrac{k}{n^3 d_{15}^2}$，其中 k 为土的渗透系数

图 5.4 是以作者计算渗透系数的数学表达式（2.4）为基础，将式中的 D_{20} 用 D_{15} 代替，即 $k = An^3 d_{15}^2$，然后将各种类型土的渗透系数的计算值与试验值相比较，确定式（2.4）中的常系数 A 值，结果表明，除不均匀土的细粒含量值位于小于 15% 和大于 25% 的两段以外，渗透系数的表达式为

$$k = An^3 d_{15}^2 = (200 \sim 400)n^3 d_{15}^2 \tag{5.5}$$

式（5.5）与式（2.4）$k = 234n^3 d_{15}^2$ 很接近，表明土的等效粒径用 d_{15} 或 d_{20} 均可以，但对于各类不均匀土，当土样的细料含量 $P = 15\% \sim 25\%$ 时，则 $k = An^3 d_{15}^2 = (300 \sim 8000)n^3 d_{15}^2$，表明计算结果与试验值相差很大。如图 5.3 所示，由此可见，以 d_{15} 作为土的等效粒径，并不能反映自然界中全部土体的孔隙特性，特别是不能反映颗粒级配缺乏中间粒径的无黏性土细粒含量在 $10\% \sim 25\%$ 之间的土的孔隙大小。图 2.2 表明，自然界江河上中游河床中的砂砾石大多数为细粒含量为 $25\% \sim 35\%$ 的不连续级配的砂砾石，确定土的等效粒径时应考虑这一因素。

如前所述，太沙基在 1948 年的名著《工程实用土力学》的第一章中早已指出，"随着人们对于细粒土的认识日益增加，显然已经知道这些土的特征主要视其相当于 20% 的细粒土，最好是选择 D_{20} 和 D_{70} 作为土体的特征粒径"。多年的实践经验表明，太沙基远见卓识，这一论述完全反映了自然界各类土的实际情况，为作者所证实。所以在本书中土的等效粒径打破常规，将 d_{15} 改选用 d_{20}，以反映自然界全部无黏性土体的真实本性。

5.2.2 土体的孔隙平均直径

根据以上所述，决定土体孔隙直径的等效粒径应选用 d_{20}，孔隙直径可以采用式（2.6），即无黏性土的孔隙直径

$$D_0 = 0.63 n d_{20} \tag{5.6}$$

式（5.6）中 n 为反滤层的孔隙率，以均匀土为代表，可选用 $n = 0.40$，则

$$D_0 = 0.25 d_{20} \tag{5.7}$$

5.2.3 无黏性土反滤层滤土的基本准则

根据式（5.7），反滤层的滤土原理式（5.1）可以进一步表达为

$$D_{20} \leqslant (4 \sim 12)d_k \tag{5.8}$$

式（5.8）中的 $4 \sim 12$ 也称为两种土层之间的层间关系系数。4 表示当被保护土渗流破坏时，以单个颗粒进入反滤层的情况，即接触管涌型的破坏型式，主要出现在渗流方向向上，垂直于土层层面的情况；12 主要用于被保护土位于反滤层上部的情况，渗流方向向下，渗透破坏呈接触流土型的破坏型式。

无黏性土反滤层的设计准则，从安全出发选用渗流方向向上的情况，即选用：

$$D_{20} \leqslant (4 \sim 6)d_k \tag{5.9}$$

对于流土破坏型土：

$$D_{20} \leqslant 6 d_k$$

对于管涌型土：

$$D_{20} \leqslant 4 d_k$$

式中 d_k 为控制被保护土渗透稳定的特征粒径，称为控制粒径，经典的反滤层设计方法中 $d_k = d_{85}$ 已被太沙基所修正。

5.3 无黏性土控制粒径的确定原则及方法

控制粒径是反滤层设计准则中的另一关键性指标，是本章研究的重点内容，也是本书的重点内容之一。根据工程出现的问题及室内模型试验结果，在确定无黏性土控制粒径时考虑了三种因素，一是无黏性土颗粒组成的特性，即将土体分为均匀土和不均匀土两大类型，如图 4.1 中曲线 1 和曲线 2 所示；二是土的渗透破坏特性；三是以均匀无黏性土控制粒径作为无黏性土的基本控制粒径。

前文叙述的两个工程实例，英国的巴德黑德坝及美国的尼山坝，心墙渗透破坏的主要原因是在反滤层的设计中未考虑心墙土料的不均匀性及渗透破坏特性，控制粒径直接选用了常用的均匀土的控制粒径，并选用了其中的 d_{85} 粒径，致使控制粒径偏大，因而导致心墙土料中的细粒发生管涌破坏。工程渗透破坏实例表明，确定无黏性土反滤层的控制粒径时除应考虑土的级配情况，还应考虑土的渗透破坏特性。天然的无黏性土的成因复杂，有沉积、冲积和洪冲积等多种，因而颗粒级配类型多样。无黏性土及多级配砾质细粒土的渗透破坏特性与土的颗粒级配密切相关，控制粒径选择时必须考虑土的颗粒组成特性。土的颗粒级配多样性，导致控制粒径的确定比较复杂。

按其颗粒组成特性，无黏性土可分为两大类，一类为均匀土，另一类为不均匀土。不均匀无黏性土又细分为颗粒级配连续型和缺乏中间粒径两种类型。在此基础上再进一步考虑土的渗透稳定特征。土的渗透稳定的基本特性，均匀土为流土型，不均匀土有流土和管涌两种型式，如图 5.5 所示。

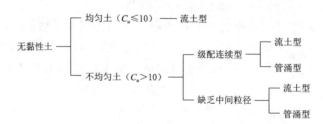

图 5.5 无黏性土渗透破坏形式分类

确定被保护土控制粒径的原则，是以反滤层的滤土准则式（5.8）为基础，然后通过试验来确定。试验选用水流方向向上、反滤层位于被保护土的上部，渗流条件是属最不利的情况，如图 5.3 II 型反滤。逐级施加水头，并测渗流量的变化，从透明的仪器壁及反滤层顶部观察反滤层的工作性状。试验结束后分别绘制被保护土及反滤层承受的水头与流量变化关系曲线，同时进行颗粒分析试验，确定被保护土中细颗粒的流失数量及反滤层的淤堵量，如第3章图3.3及图3.4所示。经过综合分析，最后定出被保护土的控制粒径。

太沙基反滤层设计准则中采用的控制粒径为 d_{85}，实质是控制土体中15％的粗颗粒不流失，以保证土体的渗透稳定性。根据实践经验，太沙基在其专著《工程实用土力学》中提出，土的控制粒径以采用 d_{70} 更具代表性。实践表明，这一建议对于均匀无黏性土是正确的，故在制定标准时，对于均匀土的控制粒径直接选用 d_{70}，并以此粒径作为决定不均匀土控制粒径的基本粒径，即以不均匀土中 $C_u=10$ 的细粒的 d_{70} 为整个土的控制粒径。对于不均匀无黏性土，随着颗粒级配曲线中颗粒级数的增多，土体的颗粒级配曲线出现了连续型和缺乏中间粒径两种型式。同时渗透变形型式出现管涌型和流土型，因而导致控制渗透变形的控制粒径出现的概率呈现了多样性。分析试验研究结果表明，总的趋势是土的颗粒组成中包含的粒径越多，相互之间的关系愈不密切，只有直接保护细粒不流出，才能保证整个土体的渗透稳定性。上述经验表明，反滤层的设计准则应以保证土体细料的渗透稳定性为目的。因此，在确定不均匀被保护土的控制粒径时，直接采用了保护细料不流失的原则，并以细料中的骨架粒径 d_{70} 作为整个土体的控制粒径。

5.3.1　无黏性流土型土的控制粒径

（1）均匀土：不均匀系数 $C_u \leqslant 10$ 的土为均匀土，渗透破坏型式为流土型，控制粒径可以采用太沙基的概念，直接选用土体本身的控制粒径，即

$$D_k = d_{70} \tag{5.10}$$

（2）不均匀土：不均匀系数 $C_u > 10$ 的土颗粒级配往往呈连续型和缺乏中间粒径两种类型，渗透破坏型式如图5.2所示，有流土和管涌两种类型，因而将土分类并分别确定控制粒径。从安全出发，在确定控制粒径时以 $C_u \leqslant 5$ 的土分为均匀土。不均匀流土型土的控制粒径按以下原则确定。

1）颗粒级配呈连续型土的控制粒径，流土型土的滤土准则选用：

$$D_{20} \leqslant 6d_k \tag{5.11}$$

控制粒径的试验结果表明，对于 $C_u \leqslant 5$ 的土，如果直接以 d_{70} 作为控制粒径，按式（5.11）设计的极限反滤层，被保护土的破坏水力比降可达8以上。如果被保护土的 $C_u=10$，仍以 d_{70} 作为控制粒径，设计的极限反滤层，被保护土的破坏水力比降则不易达到8。随着被保护土的不均匀系数的增大，试验中被保护土要达到8的破坏水力比降，则被保护土的控制粒径出现的概率一定要小于 d_{70}。考虑到如果铺设反滤层后被保护土的破坏水力比降能达到8以上，取其安全系数为2，允许水力比降可达4以上，一般均可满足工程渗透稳定的要求。故在研究不均匀土中连续型非管涌型土的控制粒径试验中，最后采用试验结果

时以选取被保护土中的破坏水力比降大于 8 的试验结果为标准，而且以细料中 $C_u=5$ 的细料部分的 d_{70} 作为整个土体的控制粒径。

级配连续的不均匀无黏性土，如果以土体颗粒级配曲线中 $C_u=5$ 的细粒部分的颗粒级配曲线为基础，确定的控制粒径作为整个土体的控制粒径，并选取控制粒径为其中细粒的 d_{70}，则细粒部分的 d_{70} 在整个土体中重新出现的概率，将随土体不均匀系数的增大而减小。图 5.6 绘有计算分析结果。图 5.6 中曲线表明，当土体颗粒组成的不均匀系数 $C_u>5$ 以后，若以其中 C_u 等于 5 的细粒部分为基础，并以细粒中的 d_{70} 为整体土的控制粒径，然后再回逆到原始状态，则细粒土中的控制粒径 d_{70} 在整个土体中出现的概率则随土体的不均匀系数的增大而变小。当土体的 $C_u \geqslant 100$ 时，其中 $C_u=5$ 的细料部分的 $d_{70}^{细}$ 变为 d_{25}，体现了不均匀无黏性土级配连续型土的反滤层设计原则是保护土中细粒部分的原理。

将试验结果绘于图 5.6，位于曲线上方的试验点都是未达到要求的结果。位于曲线下方的试验点均能满足试验要求，表明对于颗粒级配曲线呈连续型的不均匀无黏性土，保护土中 $C_u=5$ 的细粒部分渗透稳定的理念是可靠的。此外，中国水利水电科学研究院、美国水道试验站也对此进行试验。对于不均匀无黏性土级配连续型流土型土的控制粒径可以直接由图 5.6 曲线确定。

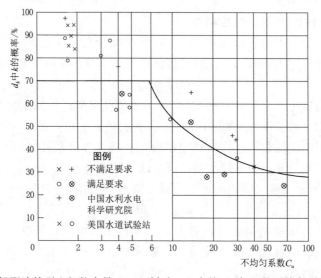

图 5.6 级配连续型土细粒含量 $P>25\%$ 时，土中的 d_k 与土的不均匀系数的关系

图 5.6 曲线的绘制方法，是以不均匀土中 $C_u=5$ 的细粒部分的最大粒径在土体中所占有的百分数，除以其他细粒粒径在整个土体所占的百分数，则得该类土中 $C_u=5$ 的细粒部分独立的新颗粒级配曲线，然后选取新的曲线中的 d_{70} 为控制粒径，最后将此粒径再乘以 $C_u=5$ 的新的颗粒组成曲线中最大粒径在土体

中所占百分数，可得 $d_{70}^{细}$ 在整个土体中所占有的百分数。以此类推，就可绘出图 5.6 中 $C_u > 5$ 的全体土料的控制粒径。或用下式计算同样就可绘出图 5.6 中 d_k 出现的概率 k 与不均匀土 C_u 的关系曲线。

$$k = 0.7 \times 0.8^i \tag{5.12}$$
$$i = 4.9 \lg C_u - 3.42$$

式中　k——$C_u = 5$ 的细粒土的控制粒径在新的混合料中出现的概率，它随土的不均匀系数 C_u 而变化。当 $i = 0$ 时，则 $k = 0.7$，即 $d_k = d_{70}$。

对于不均匀系数 $C_u > 5$ 的土的控制粒径的确定，可以不需按上述试算方法来确定，可由图 5.6 直接来确定。

2）缺乏中间粒径的无黏性土流土型的控制粒径 d_k，即 $P > 25\%$ 的土的控制粒径。

如前所述，当被保护土中的细料含量 $P > 25\%$ 时，混合料的渗流特征主要取决于其中的细粒粒径，因此控制粒径 d_k 值也取决于细颗粒的粒径。根据天然土料颗粒级配曲线的特征，混合料一旦分解为粗细两个部分，各部分的组成都比较均匀，不均匀系数都是 $C_u \leqslant 5$。如果采用保护细料不渗透破坏的原理，可以直接采用土中细料的 d_{70} 粒径作为控制粒径。

颗粒级配曲线资料分析结果表明，缺乏中间粒径无黏性土的细料含量与土中控制粒径 d_{70} 的关系可以绘成图 5.7 的形式。图 5.7 中同时绘入了反滤层试验结果。曲线 1 是根据试验结果而绘制，表明了土体中 d_k 出现的概率随细料含量而变化的规律性。曲线 2 是以细料中的 d_{70} 作为控制粒径直接绘制而成。图 5.7 中曲线 2 略低于试验值，表明了以土体中细粒的 d_{70} 直接作为土体的控制粒径，具有一定的安全性。为此对于细粒含量 $P > 25\%$ 的土，被保护土控制粒径可按图 5.7 曲线 2 确定，即

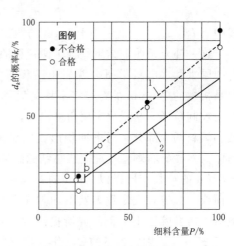

图 5.7　级配不连续型土的控制粒径 d_k 与细料含量之间的关系

$$d_k = d_{70 \cdot P} \tag{5.13}$$

式中　$d_{70 \cdot P}$——代表在细粒的粒径组成中出现概率为 70% 的颗粒粒径；

　　　P——土体中细粒的含量。当细粒含量 $P = 100\%$ 时，则土体的控制粒径 $d_k = d_{70}$。

5.3.2　无黏性管涌型土的控制粒径

管涌型的土仍采用细颗粒不流失的原则设计反滤层，确保土体的整体稳定

性。但是如果要求在反滤层的保护下，土中的细颗粒一点不流失，则反滤层必然过细，排水性能很差，起不到排水减压作用，不符合反滤层的要求。故在确定这类土的控制粒径时，同样应考虑必须同时满足排水的要求，因此反滤层不能过细。试验资料全面分析的结果，管涌型土的控制粒径采用：

$$d_k = d_{15} \tag{5.14}$$

式中　d_{15}——小于该粒径的土质量占总质量的 15%。

以 $d_k = d_{15}$ 设置的反滤层，被保护土的破坏水力比降至少可提高到 2.0 左右，允许水力比降可达 1.0，抗渗水力比降可提高 5～10 倍。截至目前，这类土在水利工程中如何使用，是否需要保护细颗粒不流失，尚需进一步研究。

在谢拉德给出的反滤层设计准则中，对于无黏性土，即所谓的小于 0.074mm 的颗粒含量小于 15% 的砂和砾的反滤层设计中，被保护土的控制粒径仍然采用 d_{85}，反滤层滤土准则的表达式仍然为

$$D_{15} \leqslant 4d_{85}$$

美国垦务局在编写反滤层设计规范时对这类土仍然采用谢拉德的标准，但作了局部补充。即当砂砾石的颗粒组成中最大粒径大于 5mm 时，反滤层设计时应取最大粒径小于 5mm 的细粒部分的 d_{85} 作为整个土的控制粒径，即

$$d_k = d_{P<5 \cdot 85}$$

式中　$d_{P<5 \cdot 85}$——土中小于 5mm 的颗粒含量的百分数再乘以 85%。

这一补充说明，结果完善了谢拉德的方法，使方法体现了保护细料的原理，与中国水利水电科学研究院岩土工程研究所的方法相接近，但垦务局的方法，只是机械的用 5mm 的粒径将不均匀无黏性土分为粗粒和细粒，并以细粒的 d_{85} 作为控制粒径。从工程实用角度出发，将不均匀无黏性土用 5mm 的粒径分为骨架和填料两个部分，对洪冲积形成的河床砂砾石是可行的。根据前述对自然界河床天然砂砾石颗粒级配曲线总结的结果，大部分砂砾石的颗粒级配曲线缺乏 1～5mm 的粒径，所以以 5mm 的粒径将不均匀无黏性土分为由粗细两个部分混合而成，是符合大多数天然不均匀无黏性土的特性的。这种方法与中国水利水电科学研究院岩土工程研究所提出的，对缺乏中间粒径的砂砾石料，细粒含量大于 25%，以细粒含量的 d_{70} 作为被保护土的控制粒径的原理基本一致。谢拉德方法的不足之处是对于管涌型土，如何确定控制粒径没有提出建议，是需要进一步研究的问题。

5.4　多级配砾质细粒土反滤层设计准则

5.4.1　设计准则

多级配砾质细粒土指小于 0.1mm 颗粒含量等于 15%～50% 的土，而小于

0.005mm 颗粒含量小于 10％的土，是一种含有少量细粒的无黏性土，目前广泛用作高土石坝的防渗土料。在反滤层的设计方面除了谢拉德的资料外，很少看到这方面的研究资料。研究这类土反滤层的设计准则具有一定的现实意义。反滤层的设计应按无黏性土的设计原则，即仍然是以土的颗粒组成曲线为依据。如果黏土颗粒含量大于 10％，则应按黏土的特性设计反滤层。多级配砾质细粒土颗粒组成的特点，粒径的变化范围很广泛，由黏粒到砾石。就成因而论，多数是坡积、冲洪积或冰碛，无水流搬运过程中的分选作用，颗粒级配组成多呈连续型。这类土同样应视为由粗粒和细粒两个部分组成，即由骨架和填料混合组成。渗透稳定性决定于细粒填充粗粒孔隙的程度。细粒填满粗粒孔隙，渗透破坏为流土型，细粒填不满粗粒孔隙，渗透破坏为管涌型。因而反滤层的设计，同样采用保护细粒料渗透稳定性的原则。粗料和细料的区分以砂粒粒径为原则，即以 2mm 的粒径作为区分粒径，反滤层的设计按保护小于 2mm 砂粒不流失的原则。从安全可靠性考虑，反滤层的滤土设计准则采用式（5.9），即

$$D_{20}/d_k \leqslant 4 \sim 6$$

式中　d_k——被保护土的控制粒径；

　　　k——控制粒径在土体中出现的概率；

　　　4——适用于管涌型土；

　　　6——适用于流土型土。

5.4.2　多级配砾质细粒土反滤层控制粒径的确定方法

多级配砾质细粒土的渗透稳定性同样分为流土和管涌两种类型。

（1）流土型土控制粒径的确定方法。流土型砾质细粒土，K 值选用小于 2mm 的细粒土中的 d_{70} 作为土体的控制粒径，可表示为

$$K = P_{<2.70} \tag{5.15}$$

于是反滤层设计准则：

$$D_{20} = 6d_k = 6d_{<2.70} \tag{5.16}$$

式（5.15）中 $P<2$ 代表小于 2mm 的颗粒在土体中的含量。70 代表以其中小于 2mm 的细粒土为基础，控制粒径出现的概率为 70％。

（2）管涌型多级配砾质细粒土控制粒径的确定方法

管涌型土以保护土中小于 30％的细粒不流失，取 30％细粒土中的 d_{70} 为整个土的控制粒径，即

$$K = 30 \times 0.7 = 21$$

取

$$d_k = d_{20} \tag{5.17}$$

则反滤层设计准则：

$$D_{20} = 4d_{20} \tag{5.18}$$

图 5.8 绘有多级配砾质细粒土的反滤料试验结果。图 5.8 表明，以式 (5.15) 确定的控制粒径，即保护土中小于 2mm 的细颗粒不流失为原则，确定的控制粒径，大部分能以承受 30 以上的水力比降，取 2 的安全系数，允许水力比降可达 15，将有足够的安全性。

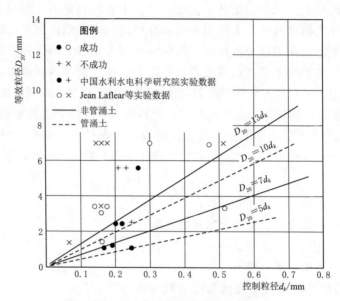

图 5.8　多级配砾质细粒土反滤层的等效粒径与控制粒径间的关系

5.5　黏土反滤层设计准则

黏土一般为小于 0.005mm 的颗粒含量大于 10% 的土，防渗性能好，而且具有高的抗渗强度，为工程界所青睐，在水利工程中主要用作防渗材料。而黏性土一般为小于 0.1mm 的颗粒含量大于 50%，根据工程性状，可以分为一般性黏土及分散性黏土两种类型。黏土的颗粒在自然状态下都呈粒团状存在，工程中通常所述的颗粒大小及其含量，都是在试验室加入一定量的化学分散剂后测定的。不加分散剂的土颗粒的大小都是粒团的大小，工程中称为一般黏土。在不加分散剂的纯净水中可以自行分解为原级配颗粒的土，称为分散性土。一般黏土在自然状态下黏土颗粒都呈粒团存在，土的工程性质决定于粒团的性质，颗粒级配曲线不能反映土的工程性质。工程特性主要决定于粒团的水理性，即液限和塑限含水率，更主要的是液限含水率，它表示粒团的性质，因此反滤层的设计不按颗粒组成曲线，而是根据土的液限含水率的大小而确定。对分散性黏土而言，从工程安全考虑，应按照它的分散度即能分散为原级颗粒的程度设计反滤层。根据上述情况，黏土反滤层设计准则的研究分为三种类型。一种类型是一般黏土的特性，由于防渗体在蓄水运行过程中容易产生裂缝，又细分为存在裂缝和无裂缝两种类型；另一种类型为分散性黏土，故黏土共分为三种类型。以三种类型分别研究确定反滤层的设计准则。

一般黏土的滤土准则如下：

（1）正常运行条件下的一般黏土反滤层。正常运行情况是指无裂缝破坏时的情况，可分为渗流方向向上和向下两种情况，渗流方向向上时黏土的渗透破坏，都呈穿孔破坏的形式，破坏水力比降的大小取决于土体可能产生的孔洞的大小。

式（2.16）表明，渗流向上时，黏土接触流土时的破坏水力比降：

$$J_p = \frac{4C}{\gamma_w D_0} + 1.25(Gs - 1)(1 - n)$$

渗流向下时不考虑土体浮容重，如果忽略浮容重的影响，对无裂缝土的反滤层设计准则应为

$$J_p = \frac{4C}{\gamma_w D_0} \tag{5.19}$$

式中　γ_w——水的容重，10kN/m^3；

　　　D_0——土体穿孔破坏时的孔径，即反滤层的孔径，m；

　　　C——土体抗渗透破坏时的内聚力，kPa。

由式（2.17）可知：

$$C = 0.2w_L - 3.5$$

取 $D_0 = 0.25D_{20}$，则黏土接触流土破坏时的水力比降与反滤层的孔径的关系为

$$J_p = \frac{0.32w_L - 5.6}{D_{20}}$$

取 $J_p = 50$，则 $D_{20} = 0.0064w_L - 0.11$。在此 D_{20} 以 m 计，若以 mm 计，则反滤层的等效粒径：

$$D_{20} = 6.4w_L - 110 \tag{5.20}$$

式（5.20）为一般黏土的滤土准则，其中 w_L 为液限含水率，以低液限黏土为标准，取 $w_L = 30\%$，按式（5.20）计算分析结果，D_{20} 可达 8.0cm。

这一计算结果表明，黏土不需要专门设置反滤层，只要稍加保护就可以防止渗透破坏。计算结果同时表明，黏土的优势不仅具有小的渗透系数，可以防渗，而且有很高的抗渗强度，不易渗透破坏，防渗与防止渗透破坏为一体，是最好的渗流控制土材料。

（2）裂缝土反滤层的设计准则。黏土作为防渗体，特别是用作高土石坝的心墙材料，由于心墙很薄，最危险的运行状态是水库蓄水初期，由于水力劈裂等原因易产生上下游贯通性的裂缝。一旦出现裂缝，土的抗渗强度显著降低，因此一般黏土作为高土石坝的心墙材料，应按有裂缝的情况设计反滤层。将裂缝土的反滤试验结果可用式（5.21）来表述：

$$J_{L \cdot KP} = \frac{50 e_L^2}{\sqrt{D_{20}} - 0.4} \tag{5.21}$$

取水工建筑物可能出现的水力比降 $J = 50$，则裂缝渗流冲刷的水力比降式（5.21）将变为

$$D_{20} \leqslant 53.1 w_L^4 + 5.8 w_L^2 + 0.16 \tag{5.22}$$

式（5.22）为裂缝土的反滤设计准则，选用黏性较低的土为代表，即取 $w_L = 30\%$，根据式（5.22）计算反滤层等效粒径，计算结果表示在裂缝自愈条件下黏土反滤层允许的等效粒径可按表 5.1 确定。

表 5.1 裂缝土反滤层的等效关系粒径 D_{20} 与土体液限含水量 w_L 的关系

$w_L / \%$	$\leqslant 26$	$26 \sim 30$	$30 \sim 40$	$40 \sim 50$	$\geqslant 50$
D_{20}/mm	$\leqslant 0.7$	$\leqslant 1.0$	$\leqslant 2.5$	< 4.5	$\leqslant 5.0$

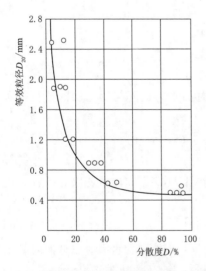

图 5.9 反滤层的等效粒径与被保护
裂缝土分散度的关系

（3）黏土反滤层的等效粒径与土的分散度的关系。若考虑土的分散性，则黏土的分散度 D 与反滤层的等效粒径的关系可通过裂缝冲刷试验来阐明。

裂缝冲刷试验结果绘于图 5.9，并可表示为

$$D_{20} = \frac{0.25}{0.1 + D - 0.6 D^2} \tag{5.23}$$

式中 D——土的分散度，以小数计。

式（5.23）为裂缝土反滤层的滤土准则与分散度的关系，图 5.9 表明黏土颗粒粒团作用很明显，当黏土颗粒成粒团存在时，反滤层的等效粒径至少可达 $1 \sim 2\text{mm}$，当粒团不存在时，实际上是无黏性土的性质。此时反滤层的设计可按颗粒级配曲线设计。

表 5.2 为黏土反滤层的等效粒径与分散度的关系。

62

表 5.2　　　　　　　　反滤层的等效粒径 D_{20} 与土的分散度的关系

变　量	关　系		
$D/\%$	$\leqslant 20$	30	$\geqslant 50$
分散性	非分散性	过渡型	分散性
D_{20}/mm	$\leqslant 1.0$	$\leqslant 0.8$	$\leqslant 0.5$

试验是在有裂缝的情况下进行的，试验水力比降为 200，一次性施加水头。分散度：

$$D = \frac{\text{不加分散剂的纯净水中} < 0.005mm \text{ 颗粒含量}}{\text{加分散剂时} < 0.005mm \text{ 颗粒含量}} 100\%$$

$D < 30\%$ 的土为非分散性土，即上述称为一般黏土；$D = 30\% \sim 50\%$ 的土为过渡型土；$D > 50\%$ 的土为分散性土。

（4）分散性土反滤层设计。分散性土反滤层的设计应按在纯净水中土体分散后的颗粒级配曲线来设计，即按试验室加分散剂测定的颗粒分析曲线来设计。

5.6　反滤层排水减压的基本原理

能有效地排走渗流实质上是反滤层等效粒径最小粒径的确定准则。

渗流进入反滤层后，要使水压力消失，反滤层土料的渗透系数一定要大于被保护土。由双层介质的渗流计算理论可以得知，渗流方向垂直于两土层的层面时，由被保护土进入反滤层中的渗流，其渗流水力比降的分配呈以下关系：

$$\frac{J_1}{J_2} = \frac{K_2}{K_1} \tag{5.24}$$

式中　K_1、J_1——反滤层的渗透系数和承受的渗流水力比降；

　　　K_2、J_2——被保护土的渗透系数和承受的渗流水力比降。

式（5.24）表明，两土层中的水力比降的分配结果与渗透系数呈反比的关系。（5.24）式中代入表示土的渗透系数 K 与等效粒径的关系式（2.3），则式（5.24）可表示为

$$\frac{J_2}{J_1} = \frac{D_{20}^2}{d_{20}^2} = \left(\frac{D_{20}}{d_{20}}\right)^2$$

式中　D_{20}——反滤层的等效粒径；

　　　d_{20}——被保护土的等效粒径。

若取 $\dfrac{D_{20}}{d_{20}} = 2 \sim 4$，则 $\dfrac{J_2}{J_1} = 4 \sim 16$，即反滤层中可能出现的水力比降为

$$J_1 = \left(\frac{1}{4} \sim \frac{1}{16}\right) J_2 \tag{5.25}$$

式（5.25）表明，选择的反滤层的等效粒径如果满足：

$$D_{20} \geqslant (2 \sim 4)d_{20} \tag{5.26}$$

则渗流由被保护土进入反滤层后，剩余的渗透水压力仅是被保护土层中渗透水压力的 $0.06 \sim 0.25$ 倍，渗透水压力基本消失，反滤层可以起到排水作用。故式（5.26）应是反滤层允许的最小等效粒径，即能保证起排水作用的极限粒径。

第6章 反滤层的设计准则方法及步骤

反滤层设计是一项技术性很强的工作。首先必须全面地掌握被保护土料的颗粒组成特性，并了解土料的渗透变形性质。反滤料选择应尽量采用少加工甚至是就地取材的原则，以方便料源选择，降低建设费用。反滤层不仅是保护防渗体，而且是保证水工建筑物整体渗透稳定性的关键措施，它同时是土工建筑物排水系统的组成部分，反滤料的组成及其填筑施工质量须严格加以控制。本章以刘杰提出的反滤层设计准则为主，介绍了不同类型防渗土料的反滤层设计方法。

6.1 反滤层设计准则的特点与设计要点

6.1.1 反滤层设计准则的特点

中国水科院岩土所的科研工作者在刘杰教授级高工的带领下，经过 60 年的研究与实践，逐渐形成了拥有自己特点的反滤层设计准则。

（1）考虑天然土料种类的多样性，将被保护土料划分为无黏性土、少黏性的多级配砾质细粒土及黏土类等三大类型，同时分别给出各类土的反滤层设计准则，使反滤层的设计方法能适应自然界土类繁多的特点。

（2）反映反滤层土料基本特性的等效粒径选用 D_{20} 的粒径，突破了惯用的粒径 D_{15} 的概念，以 D_{20} 代替 D_{15}，对反滤层设计结果的影响并不太大，但 D_{20} 是土中占 30% 的细粒土的控制粒径，也是反映土的基本特性的关键性粒径，故选用 D_{20}，表明更具科学性。

（3）在确定被保护土的控制粒径时考虑了土的渗透稳定性。不均匀无黏性土控制粒径的选择以控制其中的细粒部分不渗透破坏为标准，故反滤层的设计方法称为细料含量法。细粒料是决定无黏性土渗透系数及渗透稳定的关键因子，是渗流控制中保护的重点。土的骨架至少由 30% 的粗颗粒组成，故控制粒径以选用 d_{70} 为基础。

（4）在反滤层设计时，无黏性土及多级配砾质细粒土均以颗粒级配曲线为基础，黏土类土以土的液限含水率为基础，反滤层设计方法同时适用于Ⅰ型、Ⅱ型反滤层的设计，即适用于渗流方向向上，也适用于渗流方向向下的情况。

（5）反滤层滤土标准的确定原则，是无黏性土以至少提高被保护土的抗渗水力比降 8～10 倍为基础。多级配砾质细粒土抗渗水力比降至少可达 30，允许水力比降可达 15，黏性土的抗渗水力比降可达 50 以上。

6.1.2　反滤层设计内容与设计步骤

（1）分析被保护土料场的颗粒组成特性，确定可供作反滤料的料源。首先分析被保护土及可供作反滤料的料场土料的颗粒组成，确定被保护土及可能用作反滤层土料的颗粒组成曲线的包络图。

（2）被保护土渗透特性分析。

1）从渗流控制的角度对被保护土进行分类。

2）对黏性被保护土，应进行水理性试验，确定液限和塑限含水率。进行颗粒分析，确定黏性土的分散度，明确是否属分散性土。

3）分析被保护土的渗透稳定特性，确定渗透破坏型式。

（3）确定被保护土反滤层设计准则。选用适合被保护土渗透破坏特性的反滤层设计准则。

（4）反滤层的设计。

1）确定被保护土的控制粒径。

2）确定可用反滤料的等效粒径。

3）对被保护土为无黏性的土，校核反滤层的排水能力。

4）根据已确定的反滤层的等效粒径，确定反滤层土料颗粒组成曲线允许的变化范围。

（5）确定反滤层采用的厚度。

（6）根据坝体结构特性确定反滤层的层数。

6.2　被保护土的分类

被保护土的类型不同，反滤层设计准则就不同，设计反滤层前首先应对被保护土进行分类。一般情况下，自然界的土可分为三大类：

（1）黏土类：小于 0.1mm 的颗粒含量大于 50％，小于 0.005mm 的颗粒含量大于 10％。

（2）多级配砾质细粒类土：小于 0.1mm 的颗粒含量占 15％～50％。

（3）无黏性土：除小于 0.1mm 的颗粒含量小于 15％外，又可以进一步细分为均匀土和不均匀土，如图 6.1 所示。

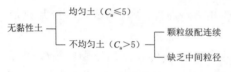

图 6.1　无黏性土的类型

6.3 反滤层的滤土准则

反滤层的滤土准则已由单点法发展为多点法，书中介绍的方法实际上是多点法，即被保护土的控制粒径 d_k 不是某一固定值，随土的类型及渗透稳定性变化。

6.3.1 无黏性土的滤土准则及控制粒径

1. 滤土准则

自然界广泛的分布有各类无黏性土，作者方法的独特之处，是将无黏性土按其工程特性细分为均匀土和不均匀土两种类型，分别给出滤土准则。不均匀土的渗透破坏型式有流土和管涌之别，故滤土准则又细分为管涌型土和流土型土两种情况。均匀土和不均匀土的区分标准，按土力学中早期的区分标准，即以 $C_u \leqslant 5$ 为标准，从安全出发，本准则选用了早期的标准。其滤土准则分别为

均匀土 $C_u \leqslant 5$：

$$D_{20} \leqslant 6d_{70} \tag{6.1}$$

不均匀土 $C_u > 5$：

$$D_{20} \leqslant 6d_k \quad （流土破坏型） \tag{6.2}$$

$$D_{20} \leqslant 4d_{15} \quad （管涌破坏型） \tag{6.3}$$

式中　D_{20}——反滤层等效粒径；

　　　d_k——被保护土的控制粒径。

2. 控制粒径

（1）均匀土的控制粒径，$d_k = d_{70}$。

（2）不均匀土的控制粒径。

不均匀土流土破坏型反滤层滤土准则式（5.2）中控制粒径 d_k 的确定原则，取土中细粒部分的 d_{70} 粒径作为整体土的控制粒径，同时根据颗粒级配曲线的类型又将土体细分为两种情况，分别确定控制粒径。

颗粒级配连续型：

$$d_k = f(C_u = 5 \cdot d_{70}) \tag{6.4}$$

颗粒级配不连续型（缺乏中间粒径）：

$$d_k = d_{(0.7 \cdot P)} \tag{6.5}$$

式中　$f(C_u = 5 \cdot d_{70})$——土中 $C_u = 5$ 的细颗粒部分的 d_{10} 粒径；

　　　$d_{(0.7 \cdot P)}$——土的细颗粒部分中的 d_{70} 粒径，P 为土中的细料含量。

可用图 6.2 中的曲线确定，图（6.2）表明：

$C_u \leqslant 5$ 时：

$$d_k = d_{70}$$

$C_u > 5$ 时：

$$d_k = f(C_u = 5 \cdot d_{70}) \tag{6.6}$$

知道了颗粒级配呈连续型土的不均匀系数，就可以从图 6.2 中的曲线直接确定土中控制粒径出现的概率，即 K 值的大小。

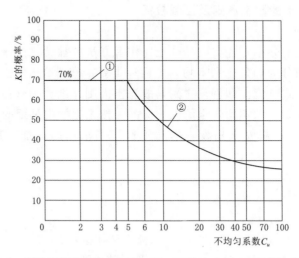

图 6.2　颗粒级配曲线连续型土，$P > 25\%$ 时 d_k 中 K 出现的概率与 C_u 的关系（① $C_u \leqslant 5$，② $C_u > 5$）

上述无黏性各种类型土的反滤设计准则可归纳为表 6.1 的形式，共有五种情况，可根据无黏性土的颗粒组成特性及渗透稳定性，从表 6.1 中选择其中之一。

表 6.1　　　　　无黏性土反滤层设计准则——等效粒径及控制粒径

	无黏性土的类型		粗细颗粒区分粒径	土的渗透破坏型式	反滤层的等效粒径 D_{20} 与 d_k	被保护土的控制粒径 d_k
1	均匀土 $C_u \leqslant 5$		无粗细颗粒之别	流土	$6d_k$	d_{70}
2	不均匀土 $C_u > 5$	颗粒级配连续型	$C_u = 5$	流土	$6d_k$	$f(C_{u组} = 5 \cdot d_{70})$
				管涌	$4d_{15}$	d_{15}
		颗粒级配缺乏中间粒径	缺乏中间粒径段的粒径	流土	$6d_k$	$d_{0.7 \cdot P}$
				管涌	$4d_{15}$	d_{15}

注　表中 $f(C_u = 5 \cdot d_{70})$ 绘成图 6.2 的形式，可由图 6.2 直接确定。

3. 无黏性土渗透稳定性的判别方法

无黏性土渗透稳定性的判别可按刘杰的细粒含量法，如图 6.3 所示。

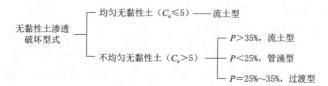

图 6.3　无黏性土渗透破坏型式判别方法

注　P——细颗粒在土体中的含量；

C_u——土的不均匀系数。

粗细颗粒的区分原则如下：

（1）级配连续型土骨架与填料颗粒的区分粒径：

$$d_q = \sqrt{d_{70} \cdot d_{10}} \tag{6.7}$$

（2）缺乏中间粒径无黏性土，骨架与填料颗粒的区分粒径，以土样颗粒分析曲线中段缺少部分近似水平段的粒径为区分粒径，一般多为 2mm。

6.3.2　多级配砾质细粒土反滤层的滤土准则

1. 多级配砾质细粒土反滤层的滤土准则

砾质细粒土的渗透破坏型式同样有流土和管涌两种型式，反滤层的设计原理是保护小于 2mm 的砂粒不流失，即控制粒径 d_k 选取小于 2mm 的细粒部分中的 d_{70} 为控制粒径。

（1）流土型土的滤土准则：

$$D_{20} \leqslant 6d_{(2 \cdot P) \cdot 0.7} \tag{6.8}$$

式中　$d_{(2 \cdot P) \cdot 0.7}$——土中小于 2mm 的颗粒中含量仅占 70% 的颗粒粒径，其中
　　　　　　　　P 为土中颗粒粒径小于 2mm 部分的颗粒含量百分数。

（2）管涌型土的滤土准则：

$$D_{20} \leqslant 4d_{20} \tag{6.9}$$

2. 多级配砾质细粒土渗透稳定性的判别方法

以土中最优细料含量判别砾质土的渗透稳定性，细料刚填满骨架体积的细料含量称为最优细料含量。

$$P_{op} = \frac{0.30 - n + 3n^2}{1 - n} \tag{6.10}$$

式中　P_{op}——最优细粒含量；

　　　n——砾质土的孔隙率，以小数计。

以式（6.11）判别砾质土的渗透破坏型式：

$$
\begin{aligned}
&P_x < 0.9P_{op} && \text{管涌型} \\
&P_x > 1.1P_{op} && \text{流土型} \\
&P_x = (0.9 \sim 1.1)P_{op} && \text{过渡型}
\end{aligned}
\tag{6.11}
$$

在反滤层设计中，过渡型土归流土型土，即式（6.11）中 $P_x = 1.1 P_{op}$ 。

6.3.3 黏土类反滤层的滤土准则

黏性土在选择反滤层时应细分为分散性和非分散性两种类型，非分散性土又称为一般黏性土，一般黏性土又可分为正常工作状态和出现水平向的裂缝两种情况。

1. 一般黏性土

（1）正常状态下一般黏性土的反滤层：

$$D_{20} \leqslant 6.4 w_L . 110 \qquad (6.12)$$

式中 w_L——土的液限含水率，%。

（2）出现裂缝的条件。一般高土石坝的心墙多按有裂缝的条件设计反滤层，土的特性仍选用液限含水率，则反滤层的等效粒径：

$$D_{20} \leqslant 53.1 w_L^4 + 5.8 w_L^2 + 0.16 \qquad (6.13)$$

w_L——土的液限含水率，以小数计。

表 6.2　　　　　裂缝土反滤层等效粒径 D_{20} 与液限含水率的关系

变　量	关　系				
$w_L 1\%$	≤26	26~30	30~40	40~50	>50
D_{20}/mm	≤0.5	≤0.7	≤1.0	≤1.5	≤2.0

2. 按土的分散度

按土的分散度设计反滤层，则反滤层的等效粒径：

$$D_{20} \leqslant \frac{0.25}{0.1 + D - 0.6 D^2} \qquad (6.14)$$

式中 D——土的分散度，即黏土颗粒粒团在纯净水中分散成单个颗粒的程度，以百分数计。

3. 建议

有裂隙的情况下，反滤层设计应按式（6.13）设计；分散性黏土反滤层的设计按纯净水中黏土颗粒分析试验所得颗粒级配曲线，采用无黏性土的反滤层设计准则。

表 6.3　　　黏土有裂缝情况反滤层等效粒径 D_{20} 与分散度 D 的关系

变　量	关　系		
$D/\%$	≤20	35	≥50
D_{20}/mm	≤1.0	≤0.7	≤0.5

6.3.4　各种类型土的反滤层设计准则综述

表 6.4 为各种设计方法综合结果，根据被保护土的性质，从表 6.4 中查出反滤层等效粒径的取值，然后计算出反滤层可选用的等效粒径值。

表 6.4　　　　　　　　　　各类反滤层设计准则综合表

被保护土的类型			被保护土的特性			反滤层粒径 D_{20}/mm 与 d_k	被保护土允许水力比降 J
			粗细颗粒区分粒径	渗透破坏型式	被保护土 d_k		
无黏性土	$C_u \leqslant 5$		整体	流土	d_{70}	$6d_k$	4.0
	$C_u > 5$	A：级配连续型	$C_u = 5$	流土	$f(C_u=5) \cdot d_{70}$	$6d_k$	4.0
				管涌	d_{15}	$4d_{15}$	1.0
		B：级配缺乏中间粒径	缺乏粒径段	流土	$d_{0.7 \cdot P}$	$6d_k$	4.0
				管涌	d_{15}	$4d_{15}$	1.0
砾质细粒土	<0.075mm15%～50%		<2mm	流土	$d_{(2 \cdot P) \cdot 0 \cdot 7}$	$6d_k$	15.0
				管涌	d_{20}	$4d_{20}$	15.0
黏性土	<0.1mm 大于 50% <0.005mm 大于 10%		整体	流土	w_L	$64w_L - 110$	25.0
			裂缝	裂缝冲刷	w_L	C	25.0
			分散度 D	裂缝冲刷	d_k	F	25.0

注　1. A 为级配连续型土。

2. B 为缺乏中间粒径土。

3. D 为土的分散度，以小数计。

4. C 为 $D_{20} \leqslant 53.1w_L^4 + 5.8w_L^2 + 0.16$。

5. F 为 $D_{20} \leqslant \dfrac{0.25}{0.1 + D - 0.6D^2}$。

6. w_L 为土的液限含水率，以小数计。

7. $f(C_u=5) \cdot d_{70}$ 查图 6.2 曲线。

8. d_k 表示不需要采用控制粒径。

6.4　反滤层的排水准则

反滤层的功能不仅是滤土，而且是防渗体排水结构组成的一部分，因此要有足够的排水能力，以释放被保护土体中的渗透水压力，因此无黏性土反滤层的结构应同时满足以下要求，以保证不会选择过细的土料：

$$\frac{D_{20}}{d_{20}} \geqslant 2 \sim 4 \tag{6.15}$$

式中　D_{20}，d_{20}——反滤层和被保护土的等效粒径。

式（6.15）中的 2 适用于被保护土为管涌型的土，4 适用于流土型的土。

6.5　反滤层设计中被保护土料场代表性颗粒组成曲线的选用

在确定反滤层的等效粒径时，建议以被保护土料场勘探结果的最粗及最细两条颗粒级配曲线为标准，分别初步确定反滤层的等效粒径，然后以其中等效粒径的最小值为标准，最小值不应大于二者的平均值。

6.6　反滤层颗粒组成曲线的确定

反滤层的颗粒组成曲线主要决定于三个因素，一是已经确定的反滤层的等效粒径，二是反滤层土料可允许的不均匀系数，三是可选用的反滤料料场。确定了这三个因素，反滤层颗粒组成范围就已确定。限制反滤层不均匀系数的原因主要是考虑施工中粗细颗粒分离问题，以保证施工后反滤层土颗粒组成的均一性。根据实践经验，当土体颗粒组成的不均匀系数 $C_u < 15$ 时，施工中粗细颗粒的分离不明显。如果采用一定的施工措施，当土的不均匀系数 $C_u < 40$ 时，粗细颗粒的分离问题并不严重。

为了防止施工时反滤料的粗细分离问题，保证反滤层颗粒组成的均一性，早期规范规定反滤层土料的不均匀系数必须是 $C_u \leqslant 5$，这一规定给反滤层选择土料带来很大的难度。因为天然砂砾石料很少有 $C_u \leqslant 5$ 的料场，要满足这一要求，反滤料必须筛选加工，给施工带来很大的难度。为保证施工时颗粒组成不会出现粗细分离问题，并保证不会出现选用缺乏中间粒径的砂砾石，同时能保证反滤料有足够的料源，美国垦务局重新规定反滤料的不均匀系数可达 $C_u \leqslant 40$。

苏联全苏水工科学研究院编写的规范规定，反滤料的不均匀系数 $C_u \leqslant 15$。

根据沟后水库溃坝后坝体砂砾石料的施工情况，现场调查结果表明，当砂砾石料的颗粒组成中小于 5mm 的颗粒含量大于 50%，则砂砾石土料在施工中不易出现粗细分离问题。

只要施工时能够采取一定的防止土料粗细分离的措施，如采用反滤层和防渗体同步上升的施工措施，反滤层铺设厚度不大于 30cm，反滤料的不均匀系数采用 $C_u \leqslant 40$ 是完全可行的。如果施工时有严格防止砂砾石料粗细分离的施工措施，反滤料允许的不均匀系数还可以适当放宽，如 300m 高努列克土石坝，反滤料的不均匀系数达 100，放宽反滤料的不均匀系数，可以免除反滤料料场难找的问题，甚至无需加工可以直接选用河床天然砂砾石料作反滤料。已知反滤料的等效粒径 d_{20} 的大小，并确定了可允许的反滤料的不均匀系数，反滤层的颗粒组成就已确定。

6.7 反滤层的厚度

反滤层的厚度决定于五个因素：①反滤层颗粒组成的最大粒径；②反滤层的料源的储量；③反滤层的施工条件；④反滤层的排水能力；⑤坝体构造的需要。

（1）最小厚度。反滤层要保证的最小厚度取决于反滤料颗粒组成中的最大粒径，最小厚度：

$$T_{min} \leqslant 6D_{70}$$

式中　T_{min}——反滤层的最小厚度；

　　　D_{70}——反滤层的控制粒径，小于该粒径的土质量占总土体质量的70％。

（2）施工需要。早期反滤层的施工条件多为人工铺设，故最小厚度限制在30cm，根据当前的施工水平，多为机械化施工，反滤层的施工厚度不应大于1.0m，以防施工中粗细分离问题。

（3）坝体结构要求。对于堆石坝壳，为了满足反滤层与坝壳堆石料的变形协调，有些工程甚至选用4.0m的厚度，这种情况一定要采用防止施工中粗细分离的措施，绝对保证第一层反滤的施工质量。第一层反滤是保证心墙渗透稳定的生命线。

（4）排水要求。如果反滤层兼顾排走坝体渗出水流的作用，则按渗流量及反滤层渗透系数的大小计算反滤层的厚度 T：

$$T = \frac{Q}{ki}$$

式中　Q——排水体需要通过的渗流量；

　　　k——反滤层的渗透系数；

　　　i——反滤层中的渗流可能出现的水力比降。

反滤料一般都需要加工，造价昂贵，故不应过厚。

6.8 反滤层的层数

一般情况，设置一层反滤层就可以保证防渗体的渗透稳定性，如果出现以下情况，可以考虑设置第二层反滤层。

（1）渗流分析结果，第一层反滤层中出现的渗流水力比降小于反滤层本身允许的水力比降，可以不必设置第二层反滤层。

（2）对于被保护土是管涌型的土，如果反滤层的等效粒径 D_{20} 与被保护土的等效粒径 d_{20} 之比值小于2，即

$$\frac{D_{20}}{d_{20}} < 2$$

则应设置第二层反滤层，以防止第一层反滤层的渗透破坏。

（3）如果大坝坝壳为块石堆石料，应校核第一层反滤与块石之间的层间关系，如果远大于反滤层层间关系的要求，或考虑坝体应力过渡问题时可考虑设置过渡层。

（4）坝体排水结构的需要。反滤层的层数并不是越多越安全，层数越多其后果是导致反滤层的施工质量不易保证。对于渗流方向向上的反滤层，一般情况，一层反滤层就可满足要求，最多不要超出两层。如果地基土层是管涌土，第一层反滤层一般都较细，进入第一层反滤层中的渗流容易出现剩余水头，需设第二层反滤层，保证反滤层中不会出现剩余水头。对于渗流向下的反滤层，层数决定于下部排水体的粒径大小，最后一层反滤层与排水体之间同样要满足反滤要求。如果各层之间的层间系数选用的较小，则层数加多，层间系数选用的较大，则层数减少。

对于大坝心墙下游面的反滤层，如果反滤层的厚度达到 4.0m，从纯渗流的角度出发，一层反滤层即可满足排渗的要求，如果是从坝体结构应力应变角度的协调考虑，那就属另外一个问题，需另行考虑。

反滤层若兼顾坝体排水作用，为加强排水体的安全可靠度，大型工程多设第二层反滤层。

6.9　反滤层的施工要求

反滤层的施工一定要保证施工质量，严格防止出现粗细颗粒的分离问题，应保证最小厚度。

（1）对于大坝心墙下游面的反滤层，施工时反滤层应与心墙同步上升，以保证反滤层与心墙结合的整体性。

（2）在施工过程中反滤料最好采用小车运输、人工铺设，以防止施工过程中粗细颗粒的分离。

（3）从保证施工质量的角度，反滤层的铺填厚度一般应小于 30cm。

第7章 工 程 实 例

本章共介绍了国内外 7 个典型土石坝工程的渗流控制实例,其中岳城水库为缺乏中间粒径砂砾石地基的反滤层设计,其他 6 个工程介绍的都是土石坝防渗体的渗流控制问题,包括柴河水库极薄心墙坝的防渗土料及反滤层设计,鲁布革堆石坝软岩心墙风化料及反滤层设计,瀑布沟土石坝管涌型砾质土心墙土料及反滤层设计,英菲尔尼罗坝砾质黏性土薄心墙坝心墙土料及反滤层设计,努列克大坝心墙土料及反滤层设计,糯扎渡心墙堆石坝心墙土料及反滤层设计。

这些典型工程实例阐明了反滤层在土石坝渗流控制中的作用,也体现了反滤层的广泛运用促进了对土石坝结构设计的发展和进步。

7.1 岳城水库坝基砂砾石地基的反滤层设计

位于河北省漳河的岳城水库是 20 世纪 50 年代建造的一座均质土坝,坝高 51.5m,建在厚度 20m 左右的砂砾石地基上,地基的渗流控制采用防渗、排渗、反滤层三结合的方式,坝前采用水平铺盖和黏土截水槽联合防渗,坝后地基设褥垫排水,采用反滤层保护渗流出口,大坝兴建于 20 世纪 50 年代末期,1960 年完成了褥垫排水的设计与施工任务。

1. 根据反滤试验建议的反滤设计

地基砂砾石层的特点,颗粒组成曲线中段 1~5mm 的粒径只有 5%,颗粒分析曲线中段出现一平台段,不均匀系数大于 350,将此类土称为缺乏中间粒径的砂砾石,土的渗透破坏属管涌型,破坏水力比降 $J=0.2$,在当时属于特殊土料。显然,反滤层设计时若以 d_{85} 为控制粒径,则不可能保证细粒土不流失。在当时无反滤层设计规范可遵守,经中国水利水电科学研究院反复试验研究,最后打破常规抛弃了固有的以天然级配土中 d_{85} 为控制粒径的概念,采用了保护其中细料的方法。根据试验结果,结合当地可用料的情况,第一层反滤料选用了 1.0~20mm 的砂砾料。地基砂砾石及采用的反滤层的颗粒级配曲线绘于图 4.1。

2. 按本书推荐的反滤设计方法确定的反滤设计

图 4.1 已表明,地基土中的最粗层,细料含量只有 29%,因砂砾石的细料含量大于 25%,渗透破坏属过渡型,故反滤准则中的控制粒径 $d_k=d_{0.29 \cdot 0.7}=$

$d_{21}=0.37$mm。按本书建议的反滤设计准则，反滤层的等效粒径：

$$D_{20}=6d_k=2.2\text{mm}$$

按地基土的平均颗粒级配曲线图 4.1 中的曲线 1 判断，该土为管涌型土，若按平均颗粒级配曲线设计反滤层，反滤准则中的等效粒径 $d_k=d_{15}=0.4$mm，则反滤层的等效粒径 $D_{20}=4d_k=1.6$mm，取平均值，则 $D_{20}=1.6\sim2.2=1.9$mm。

由图 4.1 曲线 2 可知，第一层反滤的等效粒径采用 $D_{20}=2.9\sim4.5$mm，实际值稍大于按准则要求的计算结果 1.9mm，表明建议的设计方法偏于保守。

由图 4.1 表明，由于采用了保护细料的设计原则，选择的反滤层较细，为保证第一层反滤的渗透稳定性，坝基排水体另增设了第二层反滤层。岳城水库大坝安全运行至今，说明坝基砂砾石层的反滤层设计是合适的。

7.2 柴河水库极薄心墙坝的防渗土料及反滤层设计

柴河水库大坝位于辽宁省，库容 6.36 亿 m^3，为黏土心墙坝，坝高 48m，心墙上下游边坡坡比均为 1∶0.0642，最大厚度 10m，与基岩接触处仅为 5m，截至目前是世界上最薄的心墙坝，设计洪水位 112.00m 时心墙底部承受的平均水力比降可达 8.2，出逸水力比降可达 17.3，是常见工程的 3 倍。

心墙土料为粉质黏土，物理性质列于表 7.1，同时也可参见图 7.1。

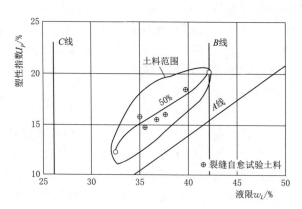

图 7.1　心墙土料在塑性图中的范围

表 7.1　　　　　　　　　　　柴河大坝心墙土料物理性质

土号	比重	液塑限/%			颗粒组成/%				分类
		液限 w_L	塑限 w_P	I_P	<0.05mm	0.05～0.005mm	<0.005mm	<0.002mm	
1—6	2.71	36.7	21.5	15.2	22.0	34.0	34.0	26.0	粉质黏土

续表

土号	比重	液塑限/%			颗粒组成/%				分类
		液限 w_L	塑限 w_P	I_P	<0.05mm	0.05～0.005mm	<0.005mm	<0.002mm	
1—11	2.71	34.7	19.1	15.6	17.5	44.0	38.5	26.0	粉质黏土
1—16	2.72	39.7	21.4	18.3	14.5	44.0	41.5	29.5	粉质黏土
2—6	2.70	35.1	20.4	14.7	19.5	43.5	37.0	27.0	粉质黏土
2—11	2.71	36.4	20.9	15.5	16.0	44.0	40.0	27.0	粉质黏土
2—16	2.71	37.4	21.4	16.0	12.5	47.0	40.5	27.5	粉质黏土

心墙土料是在高含水率条件下填筑的，干密度偏低，只有 $\gamma_d = 15.5 \text{kN/m}^3$，填筑过程中因超压实过度，土层剪切破坏严重。心墙下游面的反滤层直接采用了天然砂砾石料，最大粒径 80mm，等效粒径 $D_{20} = 0.08 \sim 0.5 \text{mm}$，不均匀系数 $C_u = 27 \sim 48$，远超过了当时的规范要求值。反滤层的最粗颗粒级配曲线见图 7.2。坝壳为河床砂砾石料，与反滤层之间无过渡问题，故只设一层反滤层。

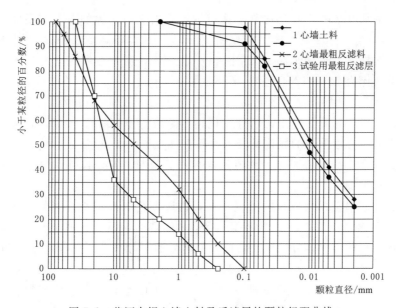

图 7.2　柴河大坝心墙土料及反滤层的颗粒级配曲线

1. 反滤层试验论证结果

大坝 1974 年建成，由于心墙很薄，超过已有工程水平，反滤层无论等效粒径或不均匀系数均不符合当时的规范要求，定为病险水库，直到 1985 年长期不能投入正常运行，为此，中国水利水电科学研究院岩土所进行了安全论证，在安全论证中，反滤层的试验是按有裂缝的情况进行的，裂缝呈水平状，一次施加水头，作用于裂缝的水力比降达 90。试验结果，反滤层的等效粒径最粗可达 2.0mm，远大于实际最大值 0.5mm，故建议大坝可以投入正常运行，试验采用的颗粒级配曲线见图 7.2。大坝 1985 年正式投入高水位运行，至今一直正常运行，表明一座特薄心墙坝，坝身还残存施工时的剪切破坏面，在反滤层的保护下渗流控制的安全问题可以得到保证，这一工程的安全运行为土石坝的设计树立了新的典范。

2. 按本书推荐的反滤设计方法确定的反滤设计

按式（6.13）计算心墙反滤层的等效粒径，则等效粒径 $D_{20} \leqslant 53.1W_L^4 + 5.8W_L^2 + 0.16$

采用 $W_L = 0.35$，计算结果 $D_{20} \leqslant 1.7$mm，小于室内试验值 $D_{20} = 2.0$mm，表明书中介绍的方法具有足够的可靠性。

7.3　鲁布革堆石坝软岩心墙风化料及反滤层设计

鲁布革水电站位于云南省罗平县与贵州省兴义市交界的黄泥河下游，水电站始建于 20 世纪 80 年代，大坝为心墙堆石坝，最大坝高 103.8m，是当时国内最高的土石坝，水库总库容 1.224 亿 m³。大坝上下游坝坡坡比均为 1∶1.8，心墙上下游坡比为 1∶0.175，顶宽 5m、底宽 37.9m、高 94m。心墙承受的平均水力比降为 2.5，大坝剖面见图 7.3。心墙土料为坡残积红土和砂页岩全风化料混合而成的多级配砾质黏性土，简称风化料，黏粒含量达 15%～55%。大量的试验研究表明，心墙采用的风化料碾压后砾石（大于 5mm）含量小于 40%，黏粒含量大于 30%，属高黏性土，渗透系数不大于 1×10^{-5}cm/s，心墙土料的颗粒组成曲线变化范围见图 7.4。

鲁布革心墙土料为原位的风化土料，表层颗粒级配很细，为红黏土，黏粒含量高达 50%；下层 5～9m 为砂页岩风化料，黏粒含量只有 10%～15%。如果采用立体开采的方式，可以保证黏粒含量达 25%。用风化料作土石坝的防渗体，20 世纪 80 年代以前，在低坝中都无人使用，80 年代要用于高土石坝，是一种创新之举，因此争论纷纷，举棋不定。为此，中国水利水电科学研究院渗透稳定试验室进行了专门试验研究，研究了土的防渗性，渗透稳定性以及反滤层的保护作用。

试验土料的颗粒组成变化范围见图 7.4 所示，曲线①-1 为表层 1～3m 深的红黏土，曲线①-2 为下层砂页岩风化料，②为中国水利水电科学研究院建议的心墙反滤层颗粒级配曲线，心墙土料总称软岩风化料。

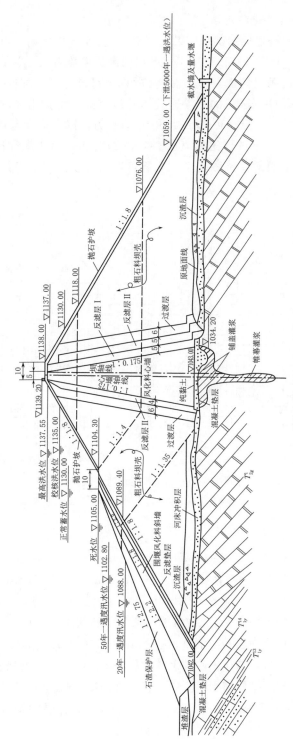

图7.3　鲁布革土石坝剖面图（高程：m）

1. 土的渗透性及渗透稳定性

土的渗透及渗透稳定性的试验结果见图 7.5，图 7.5 中表明，料场土料的渗透系数变化于 $10^{-4} \sim 10^{-6} \mathrm{cm/s}$。三层土混合料的渗透系数为 $5.44 \times 10^{-6} \mathrm{cm/s}$。从防渗的角度分析，可满足防渗要求，渗透破坏试验是在渗流方向向下、出口被淹没、不加保护的条件下进行的。渗透破坏的最小破坏水力比降，防渗体无裂缝处于正常工作状态时，最小可以承受 30.0 的水力比降，最大可以承受 165.0 的水力比降，具有黏性土的渗透破坏特性，渗透破坏水力比降如图 7.5 所示。防渗体产生水平向的裂缝，抗渗强度大幅降低，所以反滤层的设计是按出现裂缝的条件来设计。

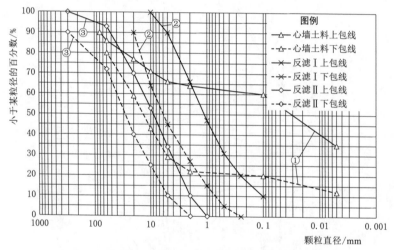

图 7.4　鲁布革土石坝心墙土料及反滤料颗粒级配曲线
①—心墙土料颗粒级配曲线；②—第一层反滤；③—第二层反滤。

2. 反滤层试验结果

反滤层试验是按产生裂缝的情况进行的，试验仪器直径 20cm，试样长度 15m，可满足试验土料最大粒径要求。裂缝开度 2mm，宽度 7cm，呈水平位置。试验是一次施加的水头，施加的水压力 0.15MPa，以保证作用于试样的水力比降达 100。现有的资料表明，对土样裂缝自愈最不利的条件是水库水位的快速上升，裂缝来不及自愈。为模拟这种工作条件，一次施加试验水头，并连续观察自愈后裂缝的渗透系数，共作了 6 种土样的反滤试验。表 7.2 仅列入三组土样裂缝反滤试验结果。根据试验结果，心墙土料的反滤层应按 $D_{20} = 2.5 \mathrm{mm}$ 来设计，并建议反滤层土料的不均匀系数 $C_u < 20$，建议的反滤层的颗粒级配曲线见图 7.4。

表 7.2　鲁布革软岩风化料反滤层部分试验结果

试样编号	风化料特性				反滤料粒径/mm	试样承受的水力比降 J	反滤层承受的水力比降		渗流量/(cm³/s)		持续时间/h	描述
	颗粒组成/mm		土的液限含水量 W_L/%	土的渗透系数 K/(cm/s)			进口1cm内	进口1cm后	最大	180min		
	<0.1	<0.005										
①－1	76	55.0	77.3	3.3×10^{-6}	2~5	78.7	54.5	0.63	573	569	3.0	水色变清，未冲淤
①－3	40	25.0	61.0	6×10^{-5}	5~9	70.5	29	1.7	793	768	3.0	裂缝冲刷，渗水变清
					2~5	86.7	207.8	0.22	164	150	3.0	裂缝出口有淤填，水清
					9.5~19.1	50.3	194.7	2.45	820	791	3.0	裂缝冲刷
①－2	20	11	46	8×10^{-4}	2~5	99.1	1.6	0.17	112	73	16	水色变清，未冲淤

3. 按本书推荐的反滤设计方法确定的设计反滤层

鲁布革心墙土料虽然是软岩风化料，经施工开采后，黏粒含量可达 15％～50％，三层混合料的黏土颗粒含量为 25％，应按黏性土的准则设计反滤层，即按式（6.13）有裂缝的情况计算，即

$$D_{20} = 53.1 W_L^4 + 5.8 W_L^2 + 0.16$$

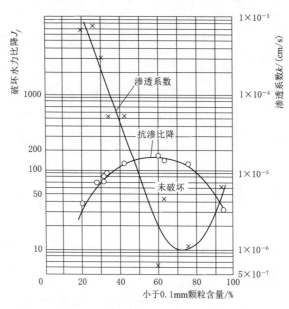

图 7.5 鲁布革软岩风化料细粒含量与渗透系数及抗渗水力比降的关系

若按照料场土料液限含水量最小值 $W_L = 0.46$ 计算，则 $D_{20} = 4.6\text{mm}$。

比较表 7.2 所列的试验结果，该计算结果基本在试验结果 5～9mm 的允许范围之内。

4. 实际选用的反滤层

由图 7.4 可知，大坝心墙下游的反滤层，第一层 $D_{20} = 0.2～1.4\text{mm}$，不均匀系数 C_u 为 14，小于试验值和按本书推荐的反滤设计方法的计算值。大坝建成 20 余年来至今一直正常运行。

在鲁布革堆石坝设计开始阶段，根据以往工程经验，拟采用南方红黏土作为心墙土料，已有工程经验表明，红黏土料具有很好的渗流控制性能，渗透系数小于 $1×10^{-6}\text{cm/s}$，抗渗强度很高。但根据 20 世纪 60 年代毛家村高土石坝红黏土心墙施工中存在的问题，施工难度较大，工艺复杂，料场距坝址 13.7km，加上运距很远，工程造价高。距坝址 1.5～4.0km 处的下寨料场运距很近，但为砂页岩全风化残积土，能否用作心墙防渗土料，土石坝专家们的意见不一，研

究结果表明，砂页岩风化残积土是种很好的防渗土料，在反滤层的保护下比红黏土更加安全可靠。鲁布革采用坝址附近的软岩风化料筑坝，为国内高土石坝心墙防渗土料的选择树立了新的样板，软岩风化料基本特性及作为高土石坝防渗材料工程特性的研究成果荣获国家科技进步将三等奖。

7.4　瀑布沟土石坝管涌型多级配砾质细粒土心墙土料及反滤层设计

瀑布沟土石坝是我国首座由多级配砾质细粒土兴建的高土石坝，坝高186m，总库容53.37亿m³，2004年3月正式开工，2010年12月，26台机组全部投产，2013年1月枢纽工程通过竣工验收，大坝剖面如图7.6所示。

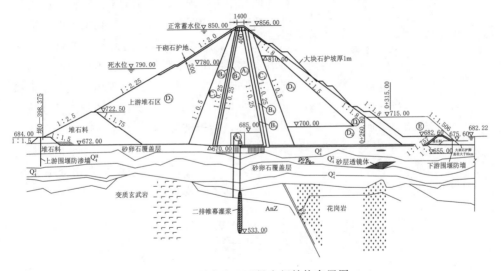

图7.6　瀑布沟土石坝大坝结构布置图

Ⓐ₁—砾石土心墙料；Ⓐ₂—高塑性黏土；Ⓑ₁、Ⓑ₂—心墙上游反滤层；Ⓑ₃、Ⓑ₄—心墙下游反滤层；Ⓒ₁—过渡料；Ⓓ₁上游堆石料；Ⓓ₂—下游主堆石料；Ⓓᴄ—下游次堆石料；Ｅ—弃渣压重压

大坝心墙土料为多级配砾质细粒土，黏粒含量仅5%～8%，小于0.1mm的颗粒含量18%～33%，颗粒级配曲线变化范围可参见图5.1，图中2、4分别为土料场最细和最粗两种土的颗粒组成曲线。在此之前，国内土石坝的防渗体基本都是采用黏性土，黏粒含量都大于10%，渗透系数小于$1×10^{-6}$cm/s，渗透破坏型式均为流土破坏型，抗渗强度高。20世纪90年代，瀑布沟水电站土石坝计划开始兴建，但防渗土料的选择成为当时土石坝的关键技术问题。

大坝坝址附近的黑马料场，产状为坡洪积，储量丰富，经勘察，土中黏粒含

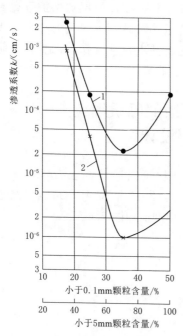

图 7.7 黑马料场土料的渗透系数
与细料含量之间的关系

$1-\rho_{d0}=2.04\mathrm{g/cm^3}$; $2-\rho_{d0}=2.13\mathrm{g/cm^3}$

量仅为 5%～8%，不符合已有工程经验，能否作为大坝防渗材料，争议很大。如掺入一定量黏土料，保证黏土颗粒含量达到 10% 以上，施工难度增大，造价提高，工期延长，防渗土料的选用问题成为当时大坝设计面临的关键技术问题之一。为了解决这一难题，中国水利水电科学研究院岩土所渗流控制室针对黑马料场防渗土料进行了系统研究，提出了如下三份研究报告：

（1）砾石土的防渗特性。

（2）砾石土的渗透稳定特性。

（3）多级配砾石土的反滤层的试验研究。

研究结果发现，这类土的渗流特性具有无黏性土的特性，如图 7.7 所示。料场土料的渗透系数变化于 $10^{-4}\sim10^{-6}\mathrm{cm/s}$ ，远大于一般黏性土的渗透系数，可用刘杰计算无黏性土渗透系数的公式估算渗透系数；其次是渗透破坏型式有流土和管涌两种类型，如图 7.8 所示。图中土 2 细粒含量为 50%，渗透破坏特性为流土破坏型，抗渗水力比降高达 15 以上，土 4 小于 1mm 的细粒含量仅 24%，为管涌破坏，破坏水力比降不到 3，但其值仍远大于常见的无黏性砂砾土管涌土 0.2 的破坏水力比降值。

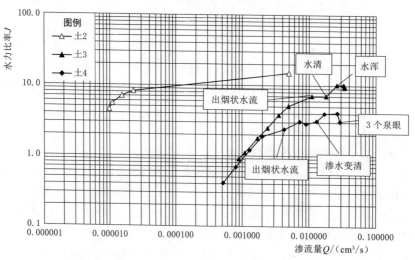

图 7.8 瀑布沟黑马料场中粗中细三种土料渗透稳定试验 J - Q 关系曲线

　　反滤试验结果表明，这类土无论是渗透破坏型式为流土型或管涌型，如果渗流出口有反滤层做保护，则抗渗水力比降将会显著提高。在粒径 1～2mm 的反滤层保护下，抗渗水力比降最小的管涌土土 4，即使试验水力比降高达 100，仍未渗透破坏，如图 7.9 所示。

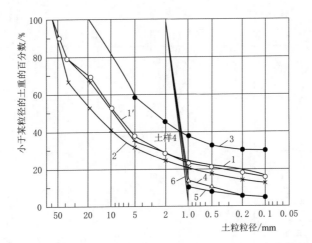

图 7.9　管涌土土样 4 反滤层试验结束后颗粒级配变化情况

1—试验土料；1'—试样中层 4～8cm；2—试样下层 0.5～4cm；3—反滤层接触带—0.5～0.5cm；
4—反滤层以下 0.5～2cm；5—反滤层以下 2～4cm；6—原始反滤层

　　表 7.3 中列有黑马土料反滤层试验结果。黑马料场的多级配砾质细粒土，虽然具有无黏性土的性质，抗渗强度偏低，但从单纯防渗的角度分析，完全可以起到防渗的作用，在合适的反滤层的保护下，仍然是一种很好的防渗材料，完全可以用来作高土石坝的防渗材料。对于此类土料，反滤层的设计应采用无黏性土的设计原理，以土料的细粒含量低的管涌型土的颗粒级配曲线为标准进行设计。

　　根据试验结果，瀑布沟防渗土料的反滤层设计建议按 $D_{20} \leqslant 1.0$mm，不均匀系数 $C_u \leqslant 40$ 为标准，确定反滤料的颗粒级配。

　　图 7.10 为大坝实际采用的反滤料的颗粒级配曲线，相应的等效粒径的实际采用值为

$$D_{20} = 0.25 \sim 1.0 \text{mm}$$

　　按本书推荐的反滤设计方法，瀑布沟心墙土料属于砾质细粒土，应按细粒砾质土反滤层的设计准则设计反滤层。最粗的土料即土 4 为管涌型土，反滤层应按 $D_{20} \leqslant 4d_k$ 来设计，式中 $d_k = d_{20} = 0.25$mm，则 $D_{20} \leqslant 1.0$mm 与试验建议值和实际采用值相一致。

表 7.3 瀑布沟黑马料场反滤试验满足要求的部分成果

试样编号	被保护土		反滤料		试验最大水力比降	被保护土带出量/%			反滤层淤填量		被保护土渗透系数/(cm/s)		反滤层承受最大水头	现象描述
	w/%	干密度/(g/cm³)	粒径/mm	密度/(g/cm³)		上	中	下	淤填量/%	d_{70}/mm	开始	结束		
2—5	7.4	2.19	5~9.5	1.67	90	0	0	0			1.7×10^{-5}	2.6×10^{-6}	8.5	试样无变化
3—6	6.5	2.31	2~5	1.67	89	0	0	0			5×10^{-5}	4.1×10^{-6}	4.0	试样无变化
4—6	6.2	2.25	1~2	1.64	121	0	1	3	13	0.39	1.6×10^{-5}	2.4×10^{-5}	0	试样无变化

注 试验编号中2、3、4代表土样编号，5、6、2代表试验编号。

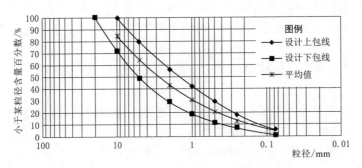

图 7.10　瀑布沟土石坝心墙反滤层实际颗粒级配曲线

瀑布沟土石坝心墙防渗土料为多级配砾质细粒无黏性土，大部分为管涌型土，是世界上继美国尼山大坝之后的第二座采用管涌型土建成的高土石坝，尼山坝遭到管涌渗透破坏。瀑布沟土料渗透系数最高值可达 $8×10^{-5}$ cm/s，突破了其他多级配砾质无黏性土，特别是管涌土不能作土石坝防渗体的禁区，对土石坝的发展作出了重大贡献，体现了反滤层在土石坝渗流控制中的重要地位。

7.5　砾质黏性土薄心墙坝心墙土料及反滤层设计

英菲尔尼罗坝是一座薄心墙高土石坝，心墙土料为砾质黏性土。建于墨西哥巴尔萨斯河上，1963 年 12 月建成，坝高 148m，顶宽 10m，底宽 608.2m，上游坝坡分两级，1∶1.75、1∶2，下游坝坡 1∶1.75。坝壳分为两区，其内侧为碾压石料，外侧为填筑厚度为 2.0m 的抛石层，心墙土料中小于 0.1mm 的颗粒含量占 61%～76%，小于 0.005mm 的黏粒含量占 27%～40%，首次突破了国际上采用纯细粒土作心墙材料的范例。心墙边坡坡比为 1∶0.0887，底宽 30m，平均水力比降可达 5.0，心墙两侧除设反滤层外另设过滤层，由反滤层向堆石体过渡，大坝断面见图 3.10，心墙土料、反滤料及过渡料的颗粒级配曲线见图 3.11。

大坝实际采用的第一层反滤层的最大粒径 6mm，取自距坝址 18km 处的河床砂砾石覆盖层，将砂砾石料经过一定程度的冲洗和筛分加工，则得到所用的第一层反滤料，反滤料 $D_{20}=0.4$mm，不均匀系数 $C_u=8$。

对第一层反滤设计，按建议的式（6.13），即 $D_{20} \leqslant 53.1w_L^4 + 5.8w_L^2 + 0.16$ 进行计算分析，取 $w_L=0.3$，则反滤的等效粒径应为 $D_{20} \leqslant 1.0$mm，实际采用值 0.4mm。

第二层反滤层即过渡层的等效粒径的实际采用值为 $D_{20}=5$mm。按式（6.2）计算分析，即 $D_{20} \leqslant 6d_k$，$d_k=d_{66}=1.6$mm。

计算结果，$D_{20} \leqslant 9.6mm$，等效粒径的实际选用值，$D_{20} = 5mm < 9.6mm$。半个多世纪以来，大坝一直正常运行，表明本书建议的反滤设计方法是合理有效的。

7.6　努列克大坝心墙土料及反滤层设计

努列克大坝位于苏联塔吉克斯坦山区河流瓦赫什河上，为心墙土石坝，最大坝高300m，坝顶长704m，顶宽20m，为当今世界上已建成的最高土石坝之一，总库容105亿m^3，有效库容45亿m^3，总装机容量270万kW，年发电量112亿kW·h。

心墙土料为洪积坡积碎石土，填筑密度较高，干密度1.9～2.2g/cm^3，变形量小，渗透系数$k = 10^{-4} \sim 10^{-9}$cm/s，具有良好的裂缝自愈能力。心墙上下游边坡坡比均为1∶0.25，坝高与底宽之比$H/B = 2$，心墙下游面只设一层反滤层。大坝坝坡坡比1∶2.2。由于坝基岩石裂缝较发育，在河床中部心墙底部做有混凝土垫层，最大厚度27m，全长130m，心墙位于混凝土垫层上，大坝1966年开始截流，1980年建成，大坝横剖面如图7.11所示。

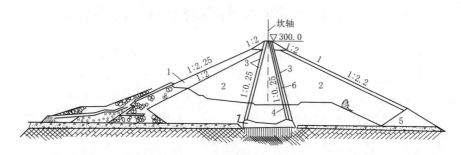

图7.11　努列克大坝横剖面图

1—上下游边坡堆石压重体；2—砾石压坡棱体；3—反滤层；4—心墙；5—下游堆石护脚；
6—过渡层；7—心墙基础混凝土填层；8—第一期坝基轮廓线

坝体心墙土料中小于0.075mm的颗粒含量占19％～45％，小于0.005mm的黏粒含量占5％～25％，最大粒径20～150mm，应属砾质细粒土。第一层反滤为砂砾石，粒径变化于0.01～100mm，$D_{20} = 1mm$，不均匀系数$C_u = 100$，第二层反滤粒径变化于0.01～300mm，不均匀系数$C_u = 120$。坝壳材料为砾卵石料。

心墙反滤料颗粒组成分析，按照图7.12中土的颗粒组成，心墙土料包括两种土料，一种土是黏粒含量达23％的黏性土，另一种是黏粒含量只有3％的多级配砾质细粒土，应当分别计算反滤层的等效粒径，进行综合分析，最后定出合理的反滤层的等效粒径。

1. 黏性土部分的反滤层

按式（6.13）计算反滤层的等效粒径，即

$$D_{20} \leqslant 53.1 w_L^4 + 5.8 w_L^2 + 0.16$$

取黏性土的最小液限含水率 $w_L = 30\%$，则反滤层的等效粒径 $D_{20} = 1.1\text{mm}$。

2. 多级配砾质细粒土

心墙中最粗的土料属多级配砾质细粒土，反滤层的等效粒径应按多级配砾质细粒土的反滤层设计原理进行反滤设计。

根据土料的渗透稳定性分析结果，粗细颗粒的区分粒径 $d_q = \sqrt{d_{70} \cdot d_{10}} = \sqrt{50 \times 0.013} = 0.8\text{mm} = d_{32}$。

区分粒径计算表明，土的细粒含量为 32%，大于 30%，渗透破坏应属流土型，故应按式（6.8）设计反滤层，即 $D_{20} \leqslant 6 \cdot d_{(2 \cdot P) \cdot 0.7}$。由图 7.12 可知，$d_{(2 \cdot P) \cdot 0.7} = d_{25} = 0.25\text{mm}$，故 $D_{20} \leqslant 6 \times 0.25 = 1.5\text{mm}$。

综合上述结果，按本书推荐的反滤设计方法，努列克土石坝心墙的反滤料应按 $D_{20} = 1.1 \sim 1.5\text{mm}$ 来设计。

由图 7.12 可知，工程实际采用 $D_{20} = 1.0\text{mm}$，与中国水利水电科学研究院建议的方法基本吻合。

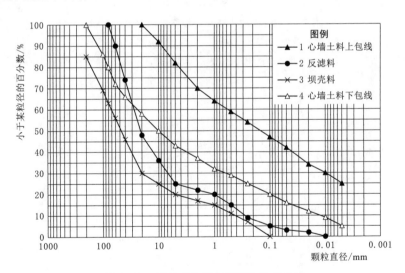

图 7.12　努列克大坝土料颗粒组成曲线

7.7　糯扎渡心墙堆石坝心墙土料及反滤层设计

糯扎渡水电站位于澜沧江中下游河段，心墙堆石坝最大坝高 261.5m，居国

内同类坝型之首，居世界第四位，水库库容 217.49 亿 m^3。2012 年 12 月 18 日，大坝填筑至高程 821.50m，实现顺利封顶。2016 年 5 月枢纽工程通过竣工验收，大坝剖面见图 7.13。心墙坡比为 1：0.2，心墙防渗料的设计采用天然黏土料中掺加 35%（重量比）的人工级配碎石，以改善土料的性质。图 7.14 绘有天然土料和掺砾土料两种级配曲线。掺砾后的土料，小于 0.1mm 的颗粒含量分别为 22%～50%，属砾质细粒土。

大坝心墙共设两层反滤，图 7.15 为大坝实际采用的反滤层颗粒级配曲线，图 7.13 表明，心墙土料的第一层反滤层等效粒径的实际采用值为

$$D_{20} = 0.17 \sim 0.85\text{mm}$$

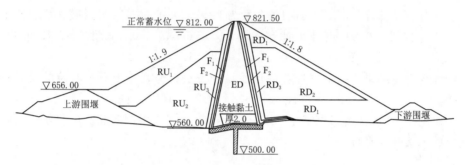

图 7.13 糯扎渡心墙堆石坝横剖面（单位：m）

注 ED—心墙；F_1—反滤Ⅰ；F_2—反滤Ⅱ；RU_1、RD_1—Ⅰ区堆石料；
RU_2、RD_2—Ⅱ区堆石料；RU_3、RD_3—细堆石料。

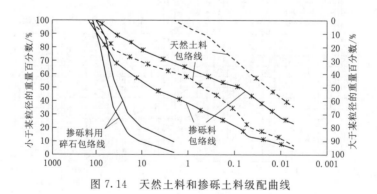

图 7.14 天然土料和掺砾土料级配曲线

糯扎渡心墙土料属于砾质细粒土，土料的渗透破坏均为流土型，反滤层应按式（6.8）计算，即 $D_{20} \leqslant 6d_{(2 \cdot P) \cdot 0.7}$ 的准则来设计，计算结果 $D_{20} \leqslant 1.6\text{mm}$，实际采用值 $D_{20} = 0.85\text{mm}$ 基本一致。

第二层反滤层根据第一层反滤层来设计，第二层反滤层等效粒径实际值 $D_{20} = 4.0 \sim 10\text{mm}$。

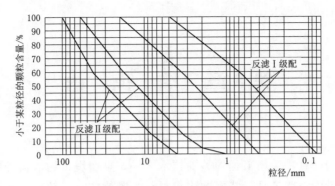

图 7.15 反滤料级配曲线

（1）按第一层最细反滤层的颗粒组成来设计第二层反滤层。

反滤 $C_u = 6.8$。按图 6.2，则 $d_k = d_{55} = 0.5$mm。

$D_{20} = 6d_k = 3$mm。

（2）按第一层最粗反滤层设计第二层反滤层。

反滤 $C_u = 6.0$。按图 6.2，则 $d_k = d_{55} = 3.0$mm。$D_{20} = 6d_k = 18$mm。

（3）计算结果第二层反滤层 $D_{20} = 3 \sim 18$mm。

（4）图 7.20 中第二层反滤层实际值 $D_{20} = 4 \sim 10$mm 小于计算值。

第8章 结 束 语

　　渗流控制一直是堤坝工程的关键技术之一。早期堤坝的渗流控制理念就是防渗，主要措施，首先是寻找好的防渗材料，既能防止渗流，又有很强的防止渗透破坏的能力；其次是加大防渗体的断面尺寸，以加长防渗体的渗透路径，减小防渗体及渗流出口的水力比降，保证防渗体及渗流出口出现的水力比降小于土料本身允许的水力比降，以保证防渗体的渗透稳定。因此，坝型多为均质土坝，防渗体与两岸的接触带采用扩大防渗体断面的方式，心墙与地基的接触带专门设置截水墙或混凝土垫层以加长接触渗透路径长度。坝下埋管管身需设置截水环，以加长沿管壁的渗径长度。为减小渗流出口的水力比降，在渗流出口设置短齿墙，以防止出口渗流破坏。工程措施复杂，效果并不可靠，在一定程度上限制了高土石坝的发展。

　　半个多世纪以来，土石坝的渗流控制理念从以防渗为主，发展为防渗与反滤滤土排水保护渗流出口。

　　几十年来，由于反滤层设计方法的不断完善，新的渗流控制理论在工程中得到推广运用，极大提高了土石坝的设计水平。无论是防渗土料的选择还是大坝断面尺寸的控制都有了很大的改观，而且使薄心墙坝得到大力发展，曾一度出现的心墙裂缝渗流破坏问题也得到了解决。高土石坝得到迅速发展，与渗流控制理念的深化、反滤层设计方法的不断完善有直接关系。起初，反滤层设计方法仅适用于均匀的无黏性土，后来发展到适用于自然界中各种类型的土，极大扩大了反滤层的使用范围，满足了工程发展需要。

　　土的渗透破坏特性主要取决于土中细粒的含量，本书介绍的方法考虑了土的渗透稳定性的研究结果，被保护土的控制粒径不再是单一粒径 d_{85}，而是采用保护细粒的原则，使控制粒径随土的渗透稳定性变化，变化范围为 $d_{15} \sim d_{70}$。

　　反滤层的功能是滤土排水，防排结合。防的功能是滤土，可提高防渗体的抗渗透破坏的水力比降。排的功能是排水减压。防渗体后面反滤层客观上成为坝体排水体的一部分，不仅保护了防渗体的渗透稳定。而且确保了整个坝体的渗透稳定。

　　随着渗流控制理念的深化与渗流控制措施的完善，人们对工程渗流稳定的认识也不断深化，过去害怕渗流，有渗流就认为工程不安全的旧观念也在不断变化。反滤层的广泛应用使得人们可以与渗流安全共处。反滤层设计技术的进步不但促进了工程建设技术的发展，也为土石坝和其他水工建筑的安全运行得到了有力的保障。本书介绍的是中国水利水电科学研究院六十年来在土石坝的渗流控制及反滤层方面的研究成果，希望能为反滤层的合理应用提供一定的帮助，也盼望反滤层设计技术能够不断进步，为水利工程安全运行提供更有力的保障。

土石坝渗流控制理论的发展，得益于中国水利水电科学研究院副院长黄文熙的高瞻远瞩，20 世纪 50 年代以后，他在中国水利水电科学研究院率先筹建了土的渗透稳定性试验研究室，并在国内首先开展了土的渗透稳定性研究，这为全面开展反滤层的研究、提出土石坝的渗流控制原理奠定了基础。

在研究工作中，他强调理论结合实际，大力宣传和推广新技术。作者的首篇研究报告是关于缺乏中间粒径的砂砾石渗透稳定性的研究，观点新颖，当时恰逢中国水利水电科学研究院要出版论文集，黄文熙院长将该篇研究报告刊登在首版论文集中，并以作者的论文为代表在《人民日报》上发表了一篇关于论文集创刊的介绍。作者将第二篇论文《高土石坝的裂缝自愈机理及反滤层的保护作用》投寄到《水利学报》，经专家审定只能以短文形式放于最后来介绍。后经黄文熙院长审定，最终在《水利学报》以首篇文章发表，在此特别感谢黄文熙先生的栽培。

作者能得到一些成就，还得益于同仁们的共同帮助。作者与凌均熙、张静敏两位同志一起建立了渗透稳定实验室，缪良娟、杨凯宏、谢定松等同志帮作者完成了大量的试验任务，感谢各位同仁的关照和支持。

最后，出版社编辑王若明、芦珊认真审查，对书稿提出了宝贵的修改意见，特表示感谢。

参 考 文 献

［1］ 汝乃华，牛运光. 大坝事故与安全：美国提堂坝溃决［M］. 北京：中国水利水电出版社，2001.

［2］ 杨泽艳，王富强，吴毅瑾，等. 中国堆石坝的新发展. 水电与抽水蓄能［M］. 2019，5（6）.

［3］ 叶发明，赖寒，刘吉祥. 瀑布沟水电站砾石土心墙堆石坝//中国当代土石坝工程［M］. 中国水利水电出版社，2004.

［4］ 刘杰，高土石坝的渗流控制. 水力发电丛书：之二. 高土石坝技术的发展［M］. 水利电力部水力发电编辑部，1984.

［5］ Liu Jie. Analysis of Piping Failure of Earth - rock Dams. International Symposition of analytical evaluation of dam related safety problems［M］. Copenhagon，1989. prevented papers volume1.

［6］ 刘杰. 太平驿水电站闸基渗流控制方案分析. 水电站设计［J］. 1993，9（4）.

［7］ J. L. 谢拉德. 堆筑坝的开裂//土石坝工程［M］. 北京：水利电力出版社，1978.

［8］ Liu Jie，Luo Yuzai. The Mechanism of Creak Healing in Care and Protective Functions of the Filters in High Earth. Rock Dams［J］. Journal of Hydraulic Engineering. Vol. 1 No. 1 1992.

［9］ 刘杰. 反滤层保护下裂缝自愈的斜墙坝//土的渗透破坏及控制研究［M］. 北京：中国水利水电出版社，2014.

［10］ 刘杰，缪良娟. 柴河土坝心墙渗流控制安全分析［N］. 岩土工程学报，1990，12（1）.

［11］ 墨西哥，英菲尔尼罗坝，世界高土石坝资料汇编［R］. 水利部黄委会科技情报站.

［12］ K. 太沙基，R. 泼克. 工程实用土力学［M］. 蒋彭年，译. 北京：水利电力出版社，1960.

［13］ G. E. 贝契母. An Ekperimental Inveayigation of Protective Filters［J］. Harvard University，Graduate School of Engineering Soil Mechanic Series 7，Jan 1940.

［14］ Water Experimental Station，Mississipp River Commission Technical Memoranbun No. 3 - 245. Laboratory Investigation of Filter for Enid Grenada Dams.

［15］ K. P. Karpoff. The Use of Laboratory Tests to Develop Design Certeria for Protective Filters［J］. Proc. ASTM，Vol 55，1955.

［16］ T. L. Sherard L. P. Dunnigan，J. R. Talbot. Basic Properties of Sand and Gravel Filters［J］. Journal of Geotechnical Engineering. ASCE 1984，110（6）.

［17］ T. L. Sherard，L. P. Dunnigan. Critical Filters for Impervious Soils. J. Goetech Engry［J］. ASCE 115（7）1989：927. 946.

［18］ 美国垦务局设计标准 No. 13 填筑坝，反滤层，土石坝工程，土石坝网刊，1992（3）.

[19] Lafleur，J.，Mlynarek，J.，Andre. L. R.. Fileration of Broadly Graded Coliegion-less Soils，J. Goetech，Engry. ASCE. 1989 115（12）：1747，1767.

[20] Истомина，В. С. Фильтрационная устойчвость грунтов［M］. Госстройиздат，1957：102－122.

[21] Гольбьдин，А. Д.，Рассказов，Л. Н.. Проектирование грунтовых плотин［M］. Изд. АСВ，2001.

[22] Зауербрей. И. И. К Вопросу о кэффуиенте фчиенте фчльтрачщц Грунтов И. Метоввцке его цсслеяованчцзвестия［J］. Вницг И03. 1932.

[23] Павловсков. А. Н. Теория лвижение грунтовых вод под Гидротехничскими сооружеииями и ее основные приложения［M］. 1922.

[24] B. n. 涅特里加·顾慰慈. 水工建筑物设计手册（上）［M］. 腾庭熊，译. 北京：水利电力出版社，1992.

[25] 刘杰. 尼山和波太基山两座高土石坝渗透破坏原因结果的异议［J］. 水电站设计，2009（2）.

[26] 中华人民共和国电力国家标准. 碾压式土石坝设计规范 DL/T 5395—2007［M］. 北京：中国铁道出版社，2008.

[27] Skempton，A. W，，Brogan，J. M.. Experiments on Piping in Sandy Gravels［J］. Geotechnique，1994（3）：449－460.

[28] 刘杰. 无黏性土的孔隙直径及渗流特性［M］. 水利水电科学研究院科学研究论文集：第8集. 北京：水利电力出版社，1982.

[29] 李雷，盛金宝. 沟后坝砂砾料的工程特性［J］. 水利水运科学研究，2000（3）.

[30] 刘杰. 无黏性土层之间渗流接触冲刷机理［J］. 水利水电科技进展，2011（3）.

[31] 刘杰，缪良娟. 宽级配砾石土冰碛土的防渗性及渗透稳定性的试验研究［J］. 中国水利水电科学研究院，1994.

[32] 刘杰，谢定松. 砾石土渗透稳定特性［N］. 岩土工程学报，2012（9）.

[33] 刘杰. 土石坝渗流控制理论基础及工程经验教训［M］. 北京：中国水利水电出版社，2006.

[34] 刘杰，罗玉再. 高土石坝心墙裂缝自愈机理及反滤层的保护作用［N］. 水利学报，1987（7）：20－29.

[35] 刘杰. 无黏性土反滤料的试验研究［N］. 水利学报，1981（3）：73－78.

[36] 水利电力部第十四工程局. 鲁布革水电站施工专辑第一辑 首部枢纽工程［M］. 1987.12.

[37] 刘杰，缪良娟. 风化料心墙的反滤层试验研究［J］. 水利水电技术，1989（12）.

[38] 刘杰，张雄. 多级配砾石土反滤设计方法试验研究［J］. 岩土工程学报，1996（6）.

[39] 姚福海，杨兴园. 瀑布沟砾石土心墙堆石坝关键技术［M］. 北京：中国水利水电出版社，2015.

[40] 刘杰，丁留谦，缪良娟，等. 沟后面板砂砾石坝溃坝机理和经验教训［J］. 水利水电技术，1998（3）.

[41] 刘杰. 土的渗透稳定与渗流控制［M］. 北京：水利电力出版社，1992.

[42] 崔亦昊，谢定松，等. 分散性土均质土坝渗透破坏性状及溃坝原因［J］. 水利水电技术，2004（12）.

［43］ 刘杰，缪良娟. 风化料反滤层的试验研究［J］. 水利水电技术，1989（12）.

［44］ 刘杰. 土石坝的渗透破坏原因及控制措施［J］. 水利水电技术，1979（3）.

［45］ 刘杰. 陆浑大坝正常运行安全评价［J］. 人民黄河，1990（5）.

［46］ 刘杰，缪良娟. 风化料在鲁布革高土石坝防渗体中的应用［J］. 水利水电技术，1987（11）.

［47］ 谢定松，刘杰，魏迎奇. 面板堆石坝渗流控制关键技术探讨［N］. 长江科学院院报，2009（10）.

［48］ 刘杰. 缺乏中间粒径砂砾石的渗透稳定性，水利水电科学研究院科学研究论文集：第一集［C］. 北京：中国工业出版社，1963.

［49］ 顾淦臣. 国外冰碛土心墙高土石坝的管涌事故——兼论瀑布沟土石坝心墙料的选择［J］. 水电站设计，2000（2）.

［50］ 毛昶熙. 关于大坝渗流安全，水利管理论文集：第三集［C］. 水利部水利管理司，1993.

［51］ 毛昶熙. 再论渗透力及其应用［N］. 长江科学院院报，2009（10）.

［52］ 张秀玲，文明宣. 我国水库失事的统计分析及安全对策讨论［M］. 水利管理论文集：第三集［C］. 水利部水利管理司，1993.

［53］ 牛运光. 浅析土石坝防渗加固［J］. 土石坝工程，1999（12）.

［54］ E. A. 鲁巴契柯夫，全苏水工科学研究院. 水工建筑物反滤层设计规范［M］. 晏友崙，译. 水利电力出版社，1959.

作者简介

刘杰，1933 年 6 月生，甘肃临洮人，教授级高级工程师，硕士研究生导师，享受国务院政府特殊津贴。1955 年西北工学院水利系毕业，毕业后分配到中国水利水电科学研究院，在南京水利实验处短期工作学习后，自 1956 年 6 月起一直在中国水利水电科学研究院岩土工程研究所工作至退休，并在工作期间加入中国共产党。长期从事水利水电工程渗流计算分析、土的渗透、渗透稳定性及渗流控制的研究工作，创建了国内首座渗透稳定试验室，在国内率先开辟了有关土的渗透稳定及渗流控制方面的研究工作。在土的渗透稳定性方面提出了判别无黏性土及多级配砾质细粒土渗透稳定性的细料含量法，计算抗渗水力比降及渗透系数的数学模型。在渗流控制方面明确提出，土的渗透破坏开始于渗流逸出口，渗流控制应是防渗与反滤层滤土排水保护渗流出口相结合的渗流控制原理，发展、推广和运用了土力学权威太沙基的渗流控制原理，反滤层采用保护细粒的方法。与此同时提出在反滤层的保护下薄心墙中的裂缝可以自愈，软弱土层可以渗透压密的概念。根据自然界各类土的渗透破坏特性，分别提出了无黏性土、多级配砾质细粒土、黏性土反滤层设计方法，扩大了反滤层的可用性，解决了一些重大工程渗流控制中存在的难题。用心墙裂缝自愈原理解决了柴河大型水库世界极薄心墙坝裂缝可能渗流冲刷的问题，用反滤层可以提高防渗土料抗渗强度的原理，促成了瀑布沟 186.00m 的高土石坝首次采用多级配砾质细粒土作防渗心墙土料，开辟了高土石坝心墙土料可以采用小于 $1×10^{-4}$ cm/s 多级配砾质细粒土的先例，突破了国内外土石坝的防渗土料只能采用渗透系数小于 $1×10^{-6}$ cm/s 黏土料的规定，解决了土石坝寻找防渗土料难的问题。采用水平铺盖防渗，反滤层保护渗流出口的原理，解决了大型水电工程太平驿水电站 80 多米深厚砂砾石地基必须采用混凝土防渗墙渗流控制的困难，保证了工程提前一年发电，得到了国务院贺电表扬。

至今，在国内外学术期刊和会议上共发表论文 80 余篇，出版专著 4 部。其中，撰写的《高土石坝心墙裂缝的自愈机理与反滤层的防护作用》一文，被中国水利学会评为优秀论文，土的渗透及渗透稳定性质及反滤层设计方法研究获国家科学技术进步奖二等奖，1989年提交国际大坝学会会议交流论文；《土石坝的管涌破坏分析》一文得到国际坝工界的好评，文章发表后应芬兰国家环境保护局邀请参加溃坝问题研究，并在芬兰工作讲学一个月，参加讲座1次，写论文1篇。此外还荣获2项国家科技进步奖三等奖、3项部级二等奖、1项三等奖。